BBC micro:bit开发从入门到精通

Beginning BBC micro:bit
A Practical Introduction to micro:bit Development

[美] Pradeeka Seneviratne 著
刘建新 译

電子工業出版社
Publishing House of Electronics Industry
北京•BEIJING

内 容 简 介

micro:bit 是 BBC 推出的一款微型电脑开发板，目前广泛应用于青少年创客硬件开发教育和编程教育中。本书为引进的优质外版图书，详细讲解了 micro:bit 的 Python 编程和硬件开发知识，符合国内读者需要。

本书分为 9 章和 2 个附录。9 章分别是：准备、显示屏和图案、使用按钮、使用输入和输出、使用加速度计和罗盘、使用音乐、使用语音、存储和操作文件、建立有线或无线网络。附录分别是：“更新 DAPLink 固件，以及通过 Tera Term 使用 REPL”和“在移动设备上使用 micro:bit App、micro:bit Blue App”。

本书适合各个年龄段的 micro:bit 初学者（无论是在校学生、家长，还是对 micro:bit 开发感兴趣的爱好者）学习使用，也可以作为相关院校和培训机构的教材。

First published in English under the title
Beginning BBC micro:bit - A Practical Introduction to micro:bit Development
by Pradeeka Seneviratne

图书在版编目（CIP）数据

BBC micro:bit 开发从入门到精通 /（美）普拉迪卡 • 塞涅韦拉特内（Pradeeka Seneviratne）著；刘建新译 . —北京：电子工业出版社，2019.8
书名原文：Beginning BBC micro:bit: A Practical Introduction to micro:bit Development
ISBN 978-7-121-37042-7

Ⅰ. ① B… Ⅱ. ①普… ②刘… Ⅲ. ①软件工具－程序设计 Ⅳ. ① TP311.561

中国版本图书馆 CIP 数据核字（2019）第 138083 号

责任编辑：林瑞和
印　　刷：中国电影出版社印刷厂
装　　订：中国电影出版社印刷厂
出版发行：电子工业出版社
　　　　　北京市海淀区万寿路 173 信箱　　邮编：100036
开　　本：720×1000　1/16　印张：12　字数：171 千字
版　　次：2019 年 8 月第 1 版
印　　次：2019 年 8 月第 1 次印刷
定　　价：69.00 元

凡所购买电子工业出版社图书有缺损问题，请向购买书店调换。若书店售缺，请与本社发行部联系，联系及邮购电话：（010）88254888，88258888。

质量投诉请发邮件至 zlts@phei.com.cn，盗版侵权举报请发邮件至 dbqq@phei.com.cn。
本书咨询联系方式：010-51260888-819，faq@phei.com.cn。

推荐序

面对未来不确定的就业市场，教育工作者和教育系统应该如何培养孩子？

这是 BBC（British Broadcasting Corporation，即英国广播公司）在 2012 年时所直面的挑战。

在英国，BBC 不仅制作优秀的电视和广播内容，它的学习部门也发挥着重要作用，为英国学龄儿童和各年龄段的学习者提供与课程相关的内容和支持。从 20 世纪 80 年代至今，BBC 微型计算机已经对英国 IT 部门产生深远和变革性的影响，故 BBC 认为，一个升级的计划可能会对当代的年轻学生产生类似的变革性影响。

一个雄心勃勃的计划被制订出来——BBC micro:bit 项目诞生了！

2016 年，这个项目进入高潮，BBC 和 30 家合作伙伴（包括 ARM、三星和微软）向英国的高中发放了 100 万台 micro:bit 微型计算机。2016 年 10 月，micro:bit 教育基金会成立，计划将 micro:bit 进一步推广到全世界各个地区。编程革命悄然开始了！

BBC micro:bit 是一个小型可编程的设备，是微型计算机和可编程开发板的混合体。它易于编程、功能多样，专为青少年学习者设计，能够让从未写过代码的人轻松上手。

BBC micro:bit 在英国（以及其他国家）的成功，不仅因为其创新的硬件设备，还因为其完善的生态系统。对于教育工作者、儿童以及任何乐于使用创造性的、有趣的技术的人来说，micro:bit 的生态系统使其成为一个很好的工具！ micro:bit 的生态系统包括硬件、繁荣的外部设备 / 附件市场、不断壮大的优秀图书库（包括本书）和优秀的代码编辑器。此外，还有充满活力的爱好者社区，其为学员们免费提供了 1000 多个极具魅力的项目、课程和有趣的点子。micro:bit 教育基金会一直在支持和发展 micro:bit 生态系统。

当然，micro:bit 生态系统的最重要的组成部分是使用它的人。感谢你拿起这本书，我们衷心地祝你拥有一个愉快的 micro:bit 学习之旅！

——micro:bit 教育基金会

译者序

2016 年，谷歌旗下团队 DeepMind 所开发的 AlphaGo 击败了人类围棋顶级高手李世。AlphaGo 是史上第一个在围棋项目上击败人类的机器人，是人工智能一座新的里程碑。但不久以后，在 2017 年，新一代的 AlphaGo Zero 从零基础开始（起初其甚至不知道什么是围棋）只经过 3 天的训练，就以 100 : 0 的比分完胜 AlphaGo。当时有媒体感叹 AlphaGo Zero 只用 3 天时间就走过人类的千年历程。

麦肯锡全球研究院发布的报告称，在人工智能和机器人自动化技术高速发展的情况下，到 2030 年时，全球将有 8 亿人的工作岗位被机器人取代。清华大学经济管理学院原院长钱颖一指出：人工智能可以替代甚至超越那些通过死记硬背、大量做题而掌握知识的人脑。人工智能让我们在现有的教育制度下培养的学生的优势荡然无存。

这值得我们停下来好好思考，作为家长、老师到底应该怎么样去培养我们的孩子，让他们有准备、有能力在未来应对挑战?

我曾在美国甲骨文公司工作 12 年，负责 Oracle ERP 企业级软件的研发和管理工作。作为 IT 人，我对技术还是很敏感的。在我的儿子 Leo 刚上小学二年级的时候，我开始教他使用 Scratch 编程。Leo 的表现出乎我的意料，他创作的游戏、动画极大地释放了他的想象力和创造力，这激励我去找更多好玩的编程软件或产品。2017 年年底，因为一次偶然的机会，我发现了这块由 BBC 出品的 micro:bit，试玩了一下感觉不错。小小的一块板子把虚拟和现实连接起来，可以激发孩子的很多创意，让他们去尝试解决生活中的问题。孩子的创造力在这个过程中流淌出来，令他们收获颇丰。

当时国内关于 micro:bit 的图书很少，我在查询国外网站时发现了这本英文原版书，在联系了作者本人后，决定将其翻译为中文。如果你试过 MakeCode 的图形化编程之后，觉得还不过瘾，就可以阅读本书，学习使用 Python 语言编程，更高效地实现你的创意。**书中的代码和外链列表可以在电子工业出版社博文视点官网的本书页面（http://www.broadview.com.cn/37042）上面下载。书中诸多插件、程序的下载地址，以及书中部分硬件的购买地址都可以在外链列表中找到。本书中提到的大量组件和硬件产品，都可以在国内电商平台上购买到同款或同类商品。**如果你在学习的过程中遇到任何问题，都可以关注微信公众号“麦子创程”或者发邮件到 bbcmicrobit@163.com，与我联系，我们一起讨论和解决。

从创客教育、STEAM 教育到最近的人工智能教育，名字一直在变，但无论名字怎么变，编程都是其中的一条主线。国家政策也在大力支持。

美国苹果公司创始人乔布斯在 1995 年的一次访谈中说过这样一段话：“我觉得每个人都应该学习一门编程语言。学习编程教你如何思考。”2006 年，美国卡内基·梅隆大学计算机系周以真教授首次提出“计算思维”。如同所有人都具备的“读、写、算”能力一样，“计算思维”也是一项人们应当具备的思维能力。通过编程培养的计算思维（分解、模式识别、抽象、算法）是一个解决问题的过程，其不但可以用于所有学科（包括人文、数学和科学等）的问题解决，也可以用于解决工作和生活中的现实问题。

回到刚开始的问题，在 AI 时代面向未来的教育，我认为人应该有两点可以胜过 AI：创造力和爱的能力。编程让孩子从单纯的使用者转变为创造者，学会用创新性思维去解决生活中的实际问题，让生活更便利，让世界更美好。在学习编程的过程中，我们需要让孩子明白学习编程的意义不是为了炫酷或者找一份赚钱的工作，而是要通过编程帮助别人和服务社会，实现自我价值和生命意义。

应试教育的大船已经在慢慢转向、掉头。创新教育才是未来。家长们的教育理念也需要与时俱进，及时更新。教育的轨道已经在切换，在旧的轨道跑得越快，离希望和未来就越远。真心希望每一个孩子都能够用自己的天赋做自己喜欢的事情，不再被迫上各种辅导班。我也坚定地相信：一代更比一代强！

大家也没有必要焦虑。每一个时代的变迁虽然会让很多职业消失，但同时也会催生很多新的职业。需要我们提前做好准备！

感谢奥松机器人创始人于欣龙先生的引荐，让电子工业出版社认可这本书的价值并购买版权。一开始没有想到，从翻译本书到正式出版本书竟花费了那么多的时间。感谢电子工业出版社林瑞和编辑的专业建议、严谨的态度和辛苦的付出！

感谢我的爸爸、妈妈给我一个无比美好、轻松的童年，养育我长大。感谢我的爱人张银芳辛苦照顾家庭，在事业上对我一贯支持。感谢我优秀的儿子 Leo，让我看到孩子学习编程后的创造力远超所有人想象，让我更加坚定并勇敢地从工作 12 年的甲骨文公司离职创办“麦子创程”（专注青少儿编程），我希望把这些好的编程教育理念和知识分享给更多的孩子和家长。感谢我可爱的女儿，每次看到她都让我的心里充满暖暖的力量。

感谢所有帮助和鼓励过我的朋友！人生难免遇到一些困难，你们总会在关键的时候出现，让我感到温暖。感谢阅读这本书的每一个人！希望这本书能够激发你的创造力，用 micro:bit 做出更多好玩的智能产品，Have Fun!

刘建新
2019 年 6 月

作者介绍

Pradeeka Seneviratne

Pradeeka Seneviratne 是一名软件工程师，有超过 10 年的计算机编程和系统设计的经验。他是 Arduino 和 Raspberry Pi 嵌入式系统开发方面的专家，目前是全职的嵌入式软件工程师，致力于嵌入式系统和高度可扩展技术的研发。此前，Pradeeka 还曾在多家 IT 基础架构和技术服务公司担任软件工程师。

他作为硬件和软件测试的志愿者，参与了外联网项目“数据永远免费”中的“基于 Ku 波段卫星频率的灯塔和树莓派 DIY 外联网接收器”部分。

除了本书以外，Pradeeka 还著有 *Building Arduino PLCs*, *Internet of Things with Arduino Blueprints*, *IoT: Building Arduino-Based Projects*, *Raspberry Pi 3 Projects for Java Programmers* 四本图书。

技术评审介绍

Michael Rimicans

自从 micro:bit 发布以来，Michael Rimicans 就一直在研究它。他喜欢制作很酷的东西。

Michael Rimicans 还是一名 STEM 教育大使和 CodeClub 的志愿者。你可以在推特上找到他（@heeedt）。

目录

第 1 章

准 备

欢迎来到 BBC micro:bit 的精彩世界！

本章首先简要介绍 micro:bit，提供 micro:bit 及其配件的购买指南（包括入门套件和专业套件）；然后教你使用不同的方法为 micro:bit 供电。本章最有趣的内容是教你使用在线 Python 编辑器和 Mu 编辑器写出你的第一行代码。此外，你还能学习到如何将程序刷入 micro:bit，并运行程序。

本章最后的部分会讲解如何使用 Mu 编辑器的 REPL（Read-Evaluate-Print-Loop，意即“读取、评估、输出、循环”）来逐行地运行代码，而不用将整个程序刷入 micro:bit 中。

1.1 什么是BBC micro:bit

BBC micro:bit（如图 1-1 所示）是由 BBC 设计的袖珍式微控制板，也可称为 micro:bit，被用在英国的计算机教育中。它是 BBC 的“IT 数字化”计划的一部分，如今在全世界范围内也变得越来越受欢迎。

图 1-1 使用中的 BBC micro:bit（图片来自 micro:bit 教育基金会）

micro:bit 是 20 世纪 80 年代推出的 BBC micro（如图 1-2 所示）的后续版本。可以上网搜索“BBC micro”来了解更多关于 BBC micro 的内容。

图 1-2　20 世纪 80 年代推出的 BBC micro

micro:bit 上有什么

在开始使用 micro:bit 编程之前，你应该先熟悉一下这块微控制板的关键特性。micro:bit 的正面视图如图 1-3 所示。micro:bit 共有四种颜色风格，不过当你购买时，并不知道会收到哪一种。

micro:bit 通过正面的各个组件与用户进行交互，如图 1-3 所示。

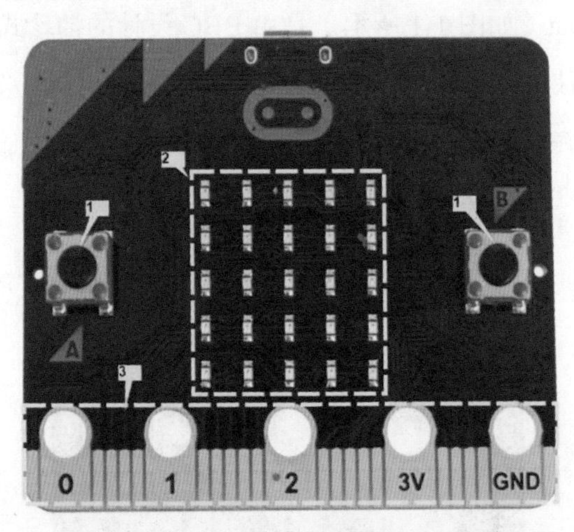

图 1-3　micro:bit 的正面视图（图片来自 Kitronik）

micro:bit 的正面视图包括以下部分。

1. 按钮：micro:bit 带有两个瞬时按钮——按钮 A 和按钮 B，让你可以通过这两个按钮和程序直接交互。例如，你可以用它们来控制游戏或者暂停 / 跳过播放列表里的歌曲。

2. 显示屏：micro:bit 的显示屏由 25 个表面贴装的红色 LED（以 5×5 点阵方式排列）组成，可以显示文本、图案和动画。该显示屏也可用作光线传感器。

3. 边缘连接器：在 micro:bit 的边缘连接器上共有 25 个引脚，用于连接各种传感器 / 执行器、访问 I/O 线、连接电源和接地——主要包括 LED 点阵、两个按钮、I2C 总线和 SPI 总线。连接器的 0 号、1 号、2 号、3V 和 GND 引脚表现为环形连接器，让你可以轻松地连接鳄鱼夹或香蕉夹。0 号、1 号和 2 号引脚可专门用于电容感应。所有的引脚都可以通过 Kitronik 边缘连接器扩展板（如图 1-4 所示）或 SparkFun micro:bit 扩展板（如图 1-5 所示）访问。

图 1-4　Kitronik 边缘连接器扩展板（图片来自 Kitronik）

图 1-5　SparkFun micro:bit 扩展板（图片来自 SparkFun Electronics）

micro:bit 边缘连接器的引脚排列如图 1-6 所示。在本书第 4 章“使用输入和输出”中，你将会详细了解 micro:bit 边缘连接器的使用方法。

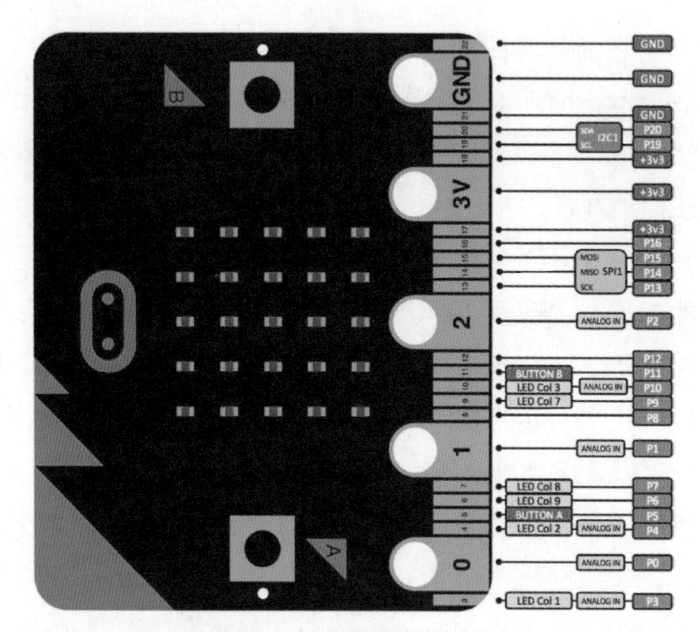

图 1-6　micro:bit 边缘连接器的引脚排列（图片来自 micro:bit 教育基金会）

micro:bit 的背面视图如图 1-7 所示，其由一系列电子元件和硬件组成。各部分说明如下。

图 1-7　micro:bit 的背面视图（图片来自 Kitronik）

1. 处理器（Nordic nRF51822）：包含 16MHz 32 位 ARM Cortex-M0 CPU、256KB 闪存、16KB 静态 RAM、2.4GHz 蓝牙低功耗无线网络，其中后者能使 micro:bit 与运行 Android 和 iOS 的蓝牙移动设备配对。

2. 罗盘（NXP/Freescale MAG3110）：测量三个坐标轴方向中的每一个的磁场强度。

3. 加速度计（NXP/Freescale MMA8652）：测量沿三个坐标轴方向的加速度和运动。

4. USB 控制器（NXP/Freescale KL26Z）：48MHz ARM Cortex-M0 和内核微控制器（包括全速 USB 2.0 OTG 控制器），可作为 USB 和主 Nordic 微控制器之间的通信接口。

5. 微型 USB 连接器：使用 USB 数据线将 micro:bit 连接到计算机上，从而刷入代码，或者使用 5V USB 电源为 micro:bit 供电。

6. 蓝牙智能天线：一种在 2.4GHz 频段传输蓝牙信号的印刷天线。

7. 重置按钮：重置 micro:bit 来重新启动当前正在运行的程序或将 micro:bit 设定为维护模式。

8. 电池连接器 / 插槽：使用 2 节 AAA 电池为 micro:bit 供电。

9. 系统指示灯：黄色的系统指示灯用来显示 micro:bit 正处于 USB 接电状态（常亮）和数据传输状态（闪烁）。它不能显示电池的电量。

10. 边缘连接器：包括 25 个引脚。

购买 micro:bit

单个 micro:bit（如图 1-8 所示）足以帮你实现大部分应用项目，不过如果你打算创建点对点网络和无线网络（本书后文会讲解），则至少需要两个 micro:bit。

图 1-8 单个 micro:bit

你可以从不同的本地供应商和线上供应商处购买 micro:bit。

micro:bit 的线上供应商列表如表 1-1 所示，对于中国读者，推荐到国内供应商 ALSROBOT（表中第 1 行）处购买。

表 1-1 micro:bit 的线上供应商

供应商	商 品
ALSROBOT（奥松机器人）	单个 BBC micro:bit
Kitronik	单个 BBC micro:bit 的零售版
SparkFun Electronics	单个 BBC micro:bit
Adafruit Industries	单个 BBC micro:bit
Pimoro	单个 BBC micro:bit
Seeed Studios	单个 BBC micro:bit

ALSROBOT 即奥松机器人，是中国区域获得授权的 micro:bit 供应商，可在百度上搜索关键词“奥松机器人”，找到奥松机器人的官网，进入页面，如图 1-9 所示。

图 1-9 ALSROBOT（奥松机器人）的官网主页

在图上框选的搜索栏中输入“micro:bit 开发板”两个关键词（注意，两个关键词之间需要有空格），即可在搜索结果中找到所需的单个 micro:bit 商品，如图 1-10 所示。

图 1-10 ALSROBOT 的单个 micro:bit 商品（图片来自 ALSROBOT）

购买入门套件

入门套件包括将 micro:bit 连接到计算机上，并用电池为之供电所需要的所有组件。入门套件通常包括以下部分。

（1）micro:bit

（2）micro USB 数据线

（3）电池盒

（4）2 节 AAA 电池 (可选)

对于中国读者，推荐到国内供应商 ALSROBOT 处购买。在 ALSROBOT 主页的搜索栏（见上文）中输入“micro:bit 开发板”两个关键词（注意，两个关键词之间需要有空格），即可在搜索结果中找到 micro:bit 入门套件。

ALSROBOT 的 BBC micro:bit 入门套件如图 1-11 所示。

图 1-11 ALSROBOT 的 BBC micro:bit 入门套件（图片来自 ALSROBOT）

购买专业套件

如果你想实现 micro:bit 从基础到高级的绝大部分的项目，那么专业套件可以满足你的需求。对于中国读者，推荐到国内供应商 ALSROBOT 处购买。

在 ALSROBOT 主页的搜索栏（见上文）中输入“micro:bit 互动入门套

件”两个关键词（注意，两个关键词之间需要有空格），即可在搜索结果中找到 micro:bit 专业套件。

ALSROBOT 的 micro:bit 专业套件包含的组件如图 1-12 所示，明细如下。方括号中的数字为该组件的数量。

（1）爱上 micro:bit 互动入门套件说明书【1】

（2）5 节 AAA 电池所用电池盒【1】

（3）micro:bit 扩展版【1】

（4）micro:bit【1】

（5）10kΩ 电阻【20】

（6）micro:bit 外壳【1】

（7）实验跳线电阻【1】

（8）470Ω 电阻【20】

（9）micro USB 数据线【1】

（10）伺服舵机：RB-15PG【1】

（11）可拼接面包板【1】

（12）磁力开关【1】

（13）光敏电阻【1】

（14）倾角开关【1】

（15）震动开关【1】

（16）TMP36 温度传感器【1】

（17）5mm LED: 黄色【5】

（18）5mm LED: 红色【5】

（19）有源蜂鸣器【1】

（20）风扇叶【1】

（21）小金属按键【2】

（22）SPDT 微型开关【1】

（23）二极管：1N4007【1】

（24）MOSFET 管：IRF520【1】

（25）5mm LED：绿色【5】

（26）5mm LED：RGB（共阴极）【1】

（27）5mm LED：白色【5】

（28）旋转电位计【1】

（29）直流电机【1】

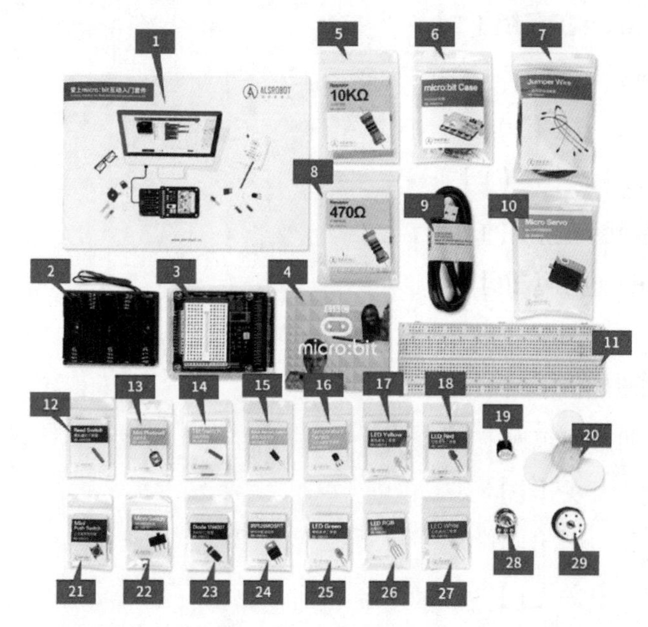

图 1-12　ALSROBOT 的 BBC micro:bit 专业套件（图片来自 ALSROBOT）

micro:bit 配件

如果你没有 micro:bit 的入门套件或者专业套件，那么也可以准备下面的这些配件，从而实现把 micro:bit 连接到计算机上，然后通过电池供电来使用 micro:bit。

电池和电池盒

你需要两节碳性电池或碱性电池来给 micro:bit 供电，同时需要可以装两节 AAA 电池的优质电池盒。

AAA 电池盒（如图 1-13 所示）带有彩色的电源引线和 JST 连接器。可以在网络购物平台上购得电池盒。如果你想用 micro:bit 创建点对点网络和无线网络（将在本书第 9 章讲解），就需要购买两个电池盒。

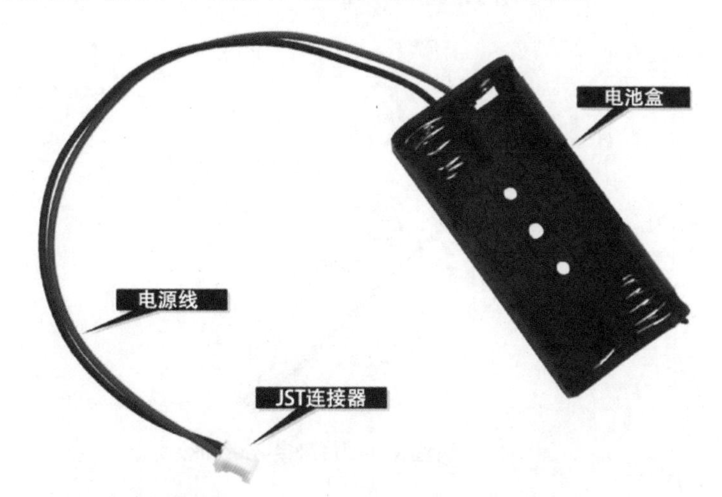

图 1-13 带有 JST 连接器的 AAA 电池盒（图片来自 Kitronik）

USB 数据线

你需要一根 Type-A 转 Micro-B 的 USB 数据线（如图 1-14 所示），从而将 micro:bit 连接到计算机上。这种 USB 数据线与许多电子设备（比如手机）的 USB 数据线是相同的。可以在网络购物平台上购得 micro USB 数据线。

图 1-14 micro USB 数据线（图片来自 ALSROBOT）

鳄鱼夹

你需要一些鳄鱼夹（如图 1-15 所示）来连接边缘连接器的引脚，从而代替在环形连接器上焊接的办法。小的连接器引脚不能使用鳄鱼夹。电线可以通过鳄鱼夹背面的两个侧面凹槽进行固定。

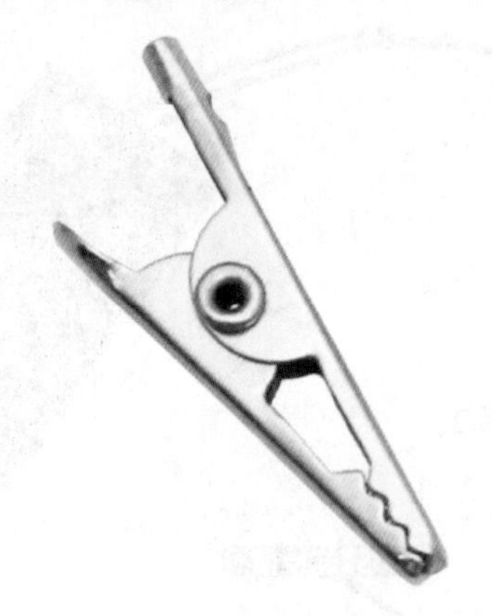

图 1-15 鳄鱼夹（图片来自 Kitronik）

1.2 为micro:bit供电

micro:bit 的供电电压是 3.3V。用电池连接器或 USB 连接器来连接合适的电池为 micro:bit 供电。USB 控制器芯片会自动将 5V 电压转换为 3.3V。

注意：也可以通过边缘连接器上的3V 引脚为micro:bit 供电，但这种方法可能不适合初学者。

用电池为 micro:bit 供电

为 micro:bit 供电的最简单方法就是使用两节 AAA 电池，因此你需要以下组件：①两节 AAA 碳性电池或碱性电池（要使用两节相同类型的电池，不要混搭）；②带导线和夹子（比如鳄鱼夹）的电池盒。

请按照以下步骤为 micro:bit 供电。

（1）首先，将两块电池以正确的方向装入电池盒中。然后，将电池盒的 JST 连接器牢固地连接到 micro:bit 的电池连接器上（如图 1-16 所示），注意不要使用蛮力。JST 连接器只能以一种方式与电池连接器连接。

图 1-16 将 JST 连接器连接到电池连接器上

（2）当你第一次为 micro:bit 供电时，预装的演示程序将自动在 micro:bit 上运行。这个程序将展示如何使用显示屏显示文本和图案、如何使用两个按钮、如何与加速度计进行交互，以及如何玩游戏。

注意：当你第一次把新程序刷入micro:bit 中，演示程序会被删除。但是，你可以从本书的源代码库下载并重新刷入（源代码＞第1 章＞BBC-MicroBit-First-experience-1460979530935.hex）。

使用 USB 接口为 micro:bit 供电

你可以通过三种方式，连接 USB 接口为 micro:bit 供电：①连接计算机；②使用 USB 电池组；③使用 USB 电源适配器。

下面以使用计算机为例，介绍使用 USB 接口为 micro:bit 供电的操作步骤。

（1）将 USB 数据线的 Micro-B 接口插入 micro:bit 的 Micro-B 插槽中，如图 1-17 所示。

图 1-17　将 Micro-B 连接器连接到 Micro-B 插座

（2）然后，将 USB 数据线的 Type-A 接口与计算机的 USB 接口相连接，如图 1-18 所示。

图 1-18　将 Type-A 接口与计算机的 USB 接口相连接（图片来自 micro:bit 教育基金会）

（3）这时候 micro:bit 背面的黄色系统指示灯会亮起来，表明 micro:bit 已经通电，如图 1-19 所示。

图 1-19 系统指示灯亮表明 micro:bit 已经通电（图片来自 Kitronik）

为 micro:bit 供电的其他方式

也可以使用一些特别设计的电源为 micro:bit 供电。例如，MI:Power 板可以通过 micro:bit 的 3V 引脚提供 3V 电压，Seenov 太阳能电池可以通过 micro:bit 的 micro USB 端口提供 5V 电压。

MI:power 板

MI:power 板如图 1-20 所示，可以让你在制作紧凑型的产品原型时不必使用体积大的电池盒，比如当你使用 micro:bit 制作可穿戴、便携或手持设备时，这一点非常重要。MI:power 板占用的空间和 micro:bit 相同，同样十分轻巧，它有一个 3V 纽扣电池、一个电源开关和一个集成的蜂鸣器，蜂鸣器可以用作音频输出。你可以上网搜索并查看关于 MI:power 板的更多技术信息。

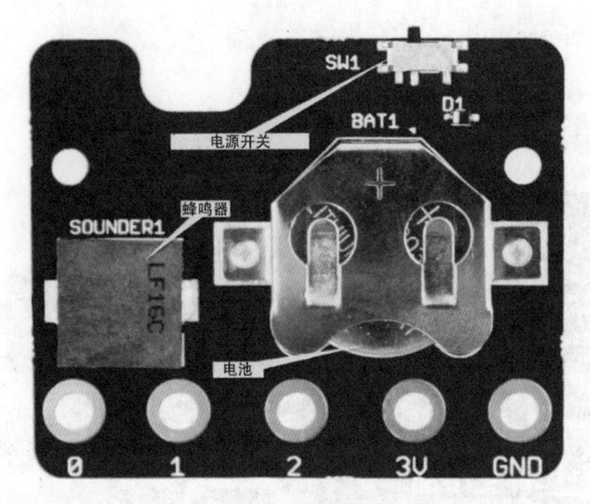

图 1-20 MI:power 板（图片来自 Kitronik）

Seenov 太阳能电池

Seenov 太阳能电池如图 1-21 所示，其是利用太阳能为 micro:bit 供电的理想解决方案。一旦你用太阳能电池板或 USB 接口给太阳能电池充满电，它可以为 micro:bit 供电五天甚至更长的时间。购买充电板时可以选择是否带有太阳能电池板。相关产品可以在淘宝、京东等电商平台上购得。

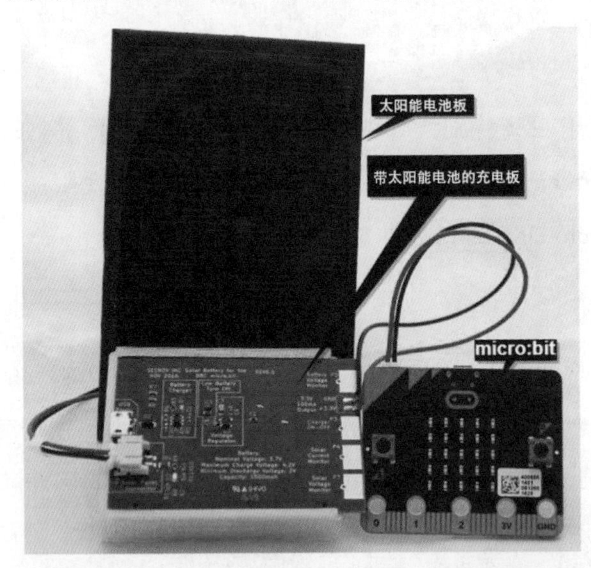

图 1-21 Seenov 太阳能电池（图片来自 Seenov）

通过 3V 引脚供电

可以通过 micro:bit 边缘连接器上的 3V 引脚为 micro:bit 供电，不过你应当使用适当的保护装置（比如电压调节器）来保护 micro:bit。

例如，你可以使用 3.7V 的 LiPo 电池（通过 3.3V 电压调节器）为 micro:bit 供电。电压调节器 MCP1702 可以输出稳定电压 3.3V，其输入电压范围为 2.7V ~ 13.2V。以下列出了创建电路所需要的所有部件，这些部件均可在国内电商平台上购得。

- 3.7V LiPo 电池
- 电压调节器 MCP1702-3302E/TO
- 两个 1uF 陶瓷电容器

带有电压调节器 MCP1702 的 3.3V 的稳压电路如图 1-22 所示。电压调节器 MCP1702 提供 3.3V 稳定电压的接线图如图 1-23 所示。

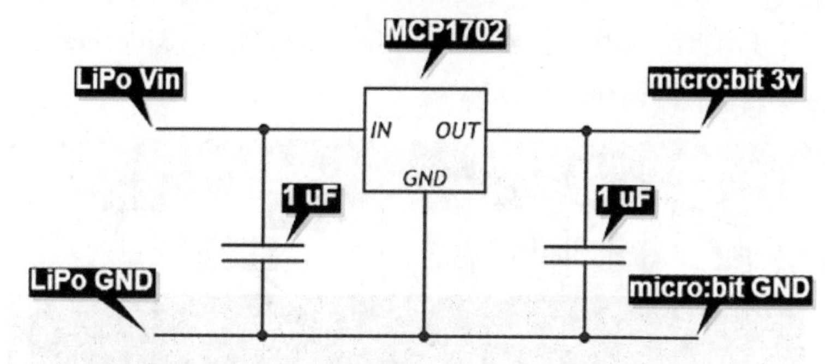

图 1-22　3.3V 稳压电路，带电压调节器 MCP1702

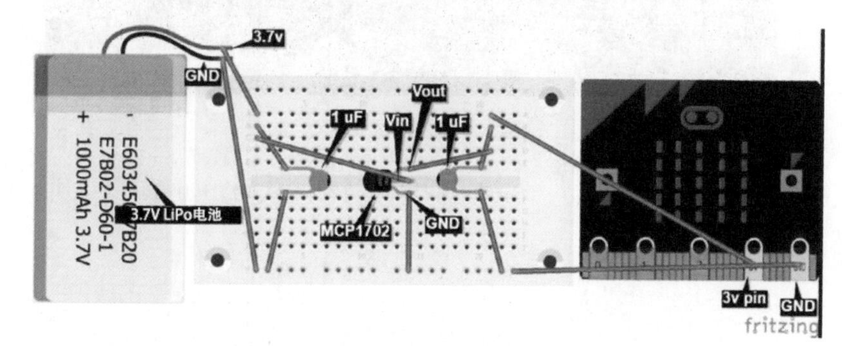

图 1-23　电压调节器 MCP1702 提供 3.3V 稳定电压的接线图

1.3　使用在线Python编辑器创建你的第一个程序

在 BBC micro:bit 上运行的 Python 语言版本称为 MicroPython，其是被专门设计在小型微控制器板（如 micro:bit）上运行的编程语言。

使用在线 Python 编辑器进行编程

你可以访问 http://python.microbit.org/editor.html，使用在线 Python 编辑器，为 micro:bit 编写 MicroPython 代码，刷入二进制文件。通过这种方式编写和执行 MicroPython 程序需要预先准备：① micro:bit；② Type-A 转 Micro-B USB 数据线；③任何具有 USB 端口和最新版本网页浏览器的计算机；④计算机可以接入互联网。

你可以通过以下步骤使用在线 Python 编辑器编写第一个 micro:bit 程序。

（1）用 USB 数据线把 micro:bit 连接到计算机上。

（2）打开网页浏览器，登录 http://python.microbit.org/editor.html，访问在线 Python 编辑器，界面如图 1-24 所示。

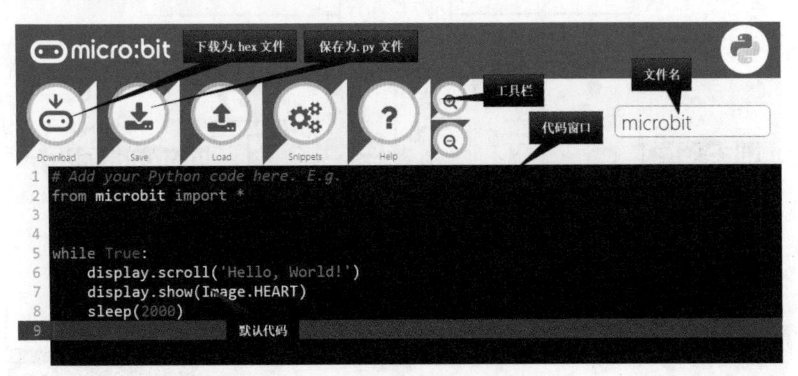

图 1-24　在线 Python 编辑器

（3）删除默认的程序行，在编辑器里重新输入代码，如清单 1-1 所示。

清单 1-1　显示和滚动文本

```
from microbit import *

display.scroll(“Hello World!”, delay=150, loop=True)
```

（4）代码窗口的显示如图 1-25 所示。

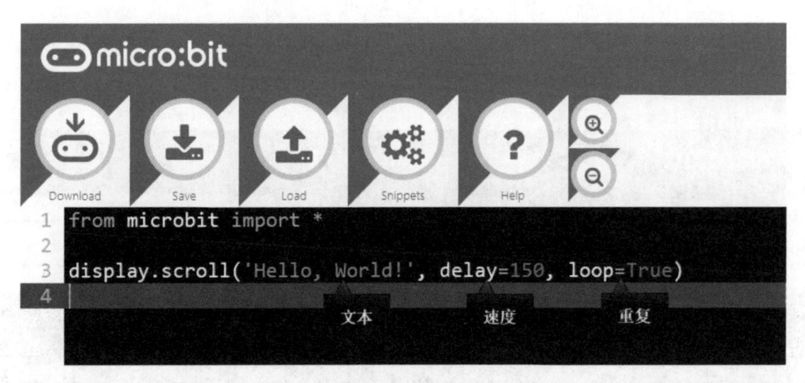

图 1-25　代码编辑器上的“Hello World”代码

（5）代码的第 1 行导入所有需要的预编代码，以便你使用 MicroPython 语言为 micro:bit 编程。

（6）`display.scroll()` 命令意为：在 LED 点阵显示屏上滚动（scroll）显示（display）括号中的文本。

（7）delay 参数控制文本消息滚动显示的速度。`delay=150` 意为以一次 150 毫秒（即 0.15 秒）的停顿来控制滚动显示的速度。（注意，1000 毫秒就是 1 秒。）

（8）`loop=True` 让显示屏不停地重复滚动显示相关文本消息。

（9）在文件名框里键入文件名“Listing 1-1”，如图 1-26 所示，点击 Save 按钮，将 Python 源代码保存为“.py”文件，保存到计算机中。在默认情况下，源代码文件会被保存到计算机的“下载”文件夹中。编辑器会自动把文件名中的空格替换为下画线。

因此，你会得到一个名为“Listing_1-1.py”的文件。

图 1-26　保存 Python 源文件（.py）

（10）点击 Download 按钮把代码文件“Listing_1-1.hex”下载到计算机中，如图 1-27 所示。无论是 Windows 操作系统，还是 Mac 操作系统，默认的下载位置都是“下载”文件夹。

图 1-27 下载 / 保存文件（.hex）

（11）无论你的计算机使用的是 Windows 操作系统还是 Mac 操作系统，将 micro:bit 连接到计算机时，计算机将 micro:bit 的内部存储器识别为可移动磁盘，并显示为“MICROBIT”。如果你使用的是 Windows 操作系统，可以在“设备和驱动器”下找到 micro:bit 驱动器。如果你使用的是 Mac 操作系统，则可以在“设备”下找到。

注意：请注意，micro:bit 驱动器的容量大约为8MB，磁盘文件系统为“FAT”。在将micro:bit 驱动器从计算机上拔出之前，最好先将其从操作系统中弹出。

（12）把下载的“Listing_1-1.hex”文件从下载文件夹移动（比如复制 / 粘贴）到 micro:bit 驱动器中，如图 1-28 所示。在传输过程中，micro:bit 背面的系统指示灯会闪烁，约有几秒钟时间。一旦系统指示灯停止闪烁，说明你的代码已经传输完成。

注意：如果浏览器问你将“.hex”文件保存到哪里，那就将文件直接保存到 micro:bit 中。

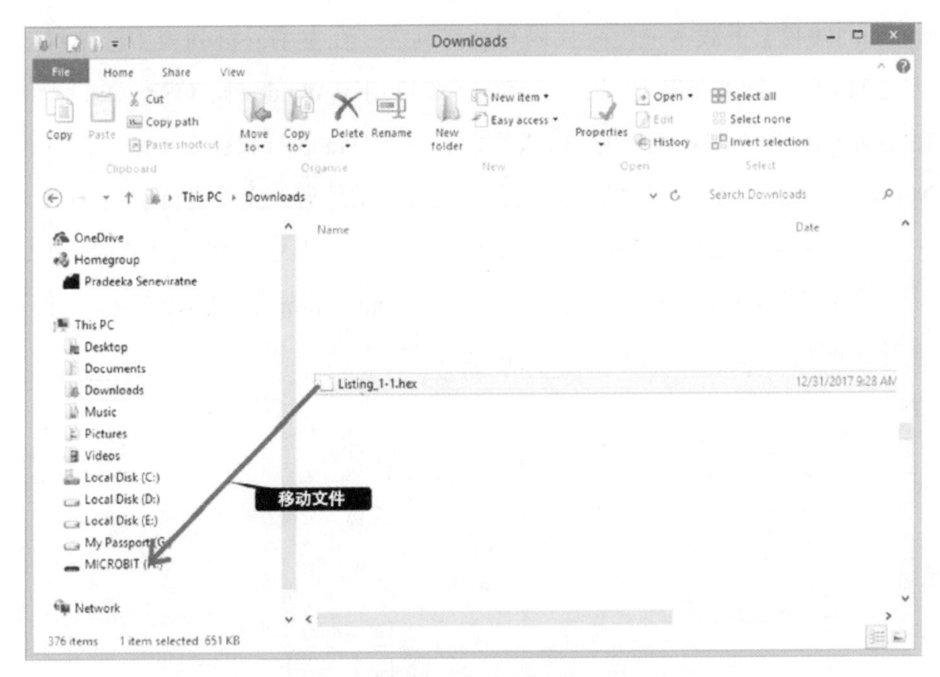

图 1-28　将 .hex 文件复制到 micro:bit

注意：一旦“.hex”文件被用来为micro:bit 编程，它将从驱动器中被自动移除。

（13）当复制完成后，程序会自动运行。如果程序没有自动运行，请按重置按钮来使它运行。

注意：当系统指示灯（黄色LED）停止闪烁时，micro:bit 将重新启动并运行代码。如果出现错误，你可以在micro:bit 的点阵显示屏上看到提示消息。

使用 Mu 编辑器进行编程

Mu 编辑器是可以用来编写 MicroPython 程序的最简单的 Python 编辑器之一。它是一款可以在 Windows、OSX、Linux 和 Raspberry Pi 等不同环境下运行的跨平台编辑器。Mu 编辑器的主要优势在于它包含 REPL，而 REPL 允许你可以逐行地运行代码，而无需将整个程序刷入 micro:bit 中。

请到电子工业出版社博文视点官网的本书页面（http://www.broadview.

com.cn/37042）下载本书配套代码和外链列表。在本书外链列表中，你可以找到 Mu 编辑器的下载地址，登录并下载适用于 Windows、OSX、Linux 和 Raspberry Pi 等不同环境下的 Mu 编辑器。对于 Windows 操作系统来说，下载 Mu 编辑器后可得到一个“.exe”可执行文件，请运行该文件进行安装。

在本书面世时，最新的适用于 Windows 操作系统的 Mu 编辑器版本是 1.0.2。

当你运行下载的 Mu 编辑器安装文件（如 mu-editor_1.0.2_win64.exe）时，会看到如图 1-29 所示的 Mu 编辑器界面。

图 1-29 Mu 编辑器主界面

使用 Mu 编辑器进行编程的步骤如下。

（1）在 Mu 编辑器中输入如清单 1-2 所示的 MicroPython 代码。

清单 1-2 显示和滚动文本

```
from microbit import *

display.scroll(“Hello World!", delay=150, loop=True)
```

（2）输入代码完成后，可以点击工具栏中的“保存”按钮，如图 1-30 所示，将 MicroPython 源代码保存为计算机中的“.py”文件。

图 1-30 “保存”按钮

（3）你也可以点击工具栏中的“刷入”按钮，如图 1-31 所示，直接把“.hex”文件刷入 micro:bit 中。

图 1-31 “刷入”按钮

（4）“检查”按钮可用于在将代码刷入 micro:bit 之前检查代码是否存在错误（如图 1-32）。

图 1-32 “检查”按钮

1.4 使用REPL

如前文所述，你可以使用 Mu 编辑器来逐行地运行代码，而无须将整个程序刷入 micro:bit 中，这被称为“REPL”(Read-Evaluate-Print-Loop)。

要让 REPL 在 Windows 操作系统中工作，你需要安装 mbed Windows 串行端口驱动程序。请到电子工业出版社博文视点官网的本书页面（http://www.broadview.com.cn/37042）下载本书配套代码和外链列表。相关驱动程序的下载地址可在本书外链列表中找到。

使用 REPL 运行如清单 1-3 所示的代码。

清单 1-3　在 micro:bit 上使用 REPL 执行代码

```
from microbit import *

display.scroll( “Hello from Mu REPL", delay=150, loop=True)
```

操作步骤如下。

（1）在使用 REPL 之前，必须将一个空的 MicroPython 程序刷入 micro:bit 上。首先单击工具栏上的“新建”按钮和“刷入”按钮。

（2）然后单击工具栏上的“REPL”按钮，如图 1-33 所示，打开 REPL 模式的提示区。

图 1-33　“REPL”按钮

（3）在 REPL 模式的提示区提示符后面输入程序的第 1 行 `from microbit import *`，然后按回车键，如图 1-34 所示。

图 1-34　在 REPL 模式的提示区中编程（1）

（4）然后输入第 2 行 `display.scroll("Hello from Mu REPL", delay=150, loop=True)`，再按回车键，如图 1-35 所示。

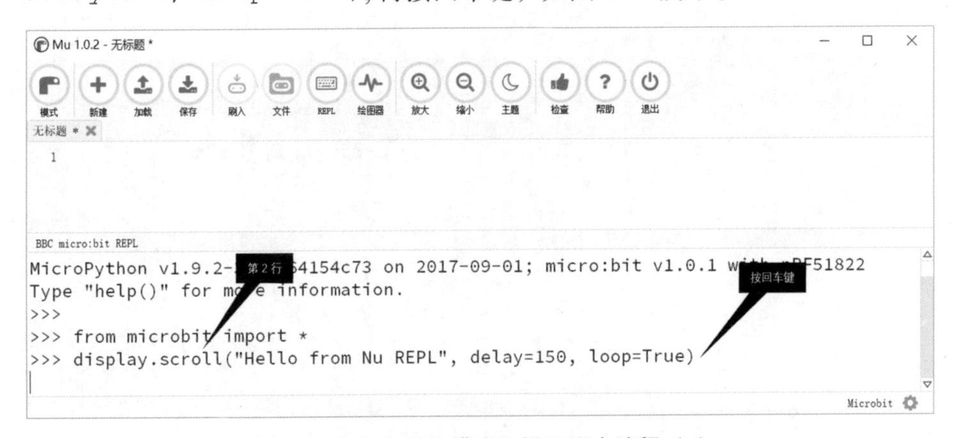

图 1-35　在 REPL 模式的提示区中编程（2）

（5）micro:bit 的点阵显示屏将滚动显示信息 `Hello from Mu REPL`。

1.5　总结

现在你已经知道如何使用 micro:bit 来设置开发环境，并使用在线 Python 编辑器和 Mu 编辑器编写代码了。你还了解了如何在 Mu 编辑器中使用 REPL，来逐行地运行 MicroPython 代码，而无须将完整的程序刷入 micro:bit 中。

下一章将介绍如何在 micro:bit 显示屏上显示图案和创建动画。

第 2 章

显示屏和图案

到目前为止，你已经熟悉了 micro:bit 的基础知识，已经学会了如何设置开发环境并使用在线 Python 编辑器和 Mu 编辑器编写简单的代码。

在本章中，你将了解 micro:bit 上的 LED 点阵显示屏。首先，你将学习如何打开和关闭 micro:bit 显示屏中的 LED，并控制 LED 的亮度。然后，你将学习如何打开和关闭 LED 点阵显示屏，以便使用与其相关的 GPIO 引脚。接着，你将学习如何显示内置图案和图案列表、创建你自己的图案和图案列表。最后，你将学习如何使用内置图案列表和你自己的图案列表来创建动画。

2.1 micro:bit的LED点阵显示屏

使用 micro:bit 可以很方便地进行视觉方面的输出，你可以使用 micro:bit 正面的 LED 点阵显示屏来实现。

micro:bit 的显示屏由 25 个红色 LED 以 5×5 的点阵形式组成，你可以使用它显示文字、图案和动画，从而使你的项目更具交互性，提供更丰富的用户体验。

你可以使用 x 和 y 坐标来指定点阵中 LED 的位置。如图 2-1 所示，是显示了与 LED 点阵相关联的列号和行号。你可以读取沿 x 轴的列号（0 到 4）和沿 y 轴的行号（0 到 4）。

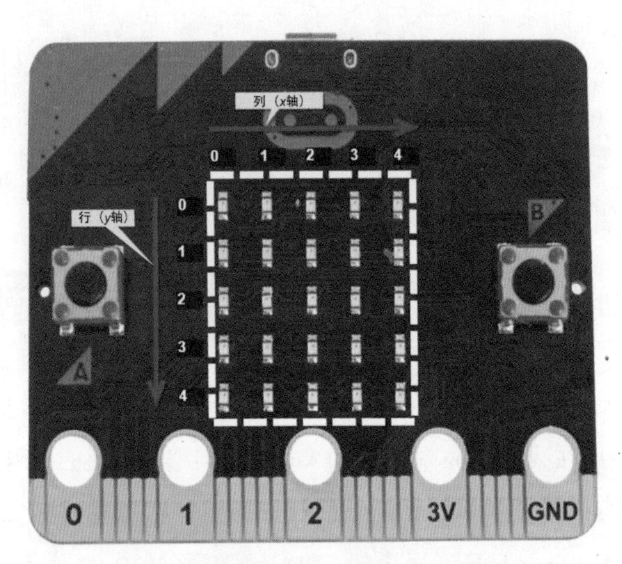

图 2-1　内置的 LED 屏幕由列和行组成

LED 的位置可以使用其所在的列号和行号来标记。在编写代码时，列号和行号从 0 开始计数，因此每列 / 行的 5 个 LED 将被标记为 0、1、2、3 和 4。例如，如图 2-2 所示，位于位置（3，2）上的 LED，其列号是 3，其行号是 2。

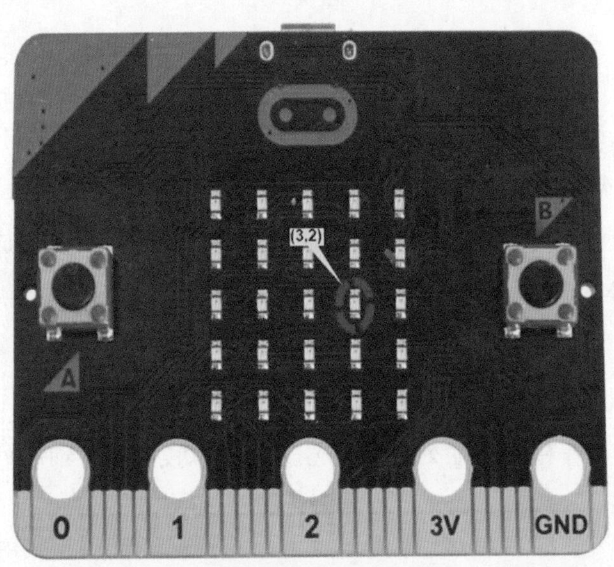

图 2-2　LED（3，2）所在的位置列号为 3，行号为 2

打开和关闭 LED

本节从一个简单的例子开始，展示如何打开和关闭 LED 点阵显示屏的 LED。如清单 2-1 所示，其代码可以使位于位置（3，2）的 LED 闪烁。

清单 2-1　打开和关闭 LED

```
from microbit import *

while True:
    display.set_pixel(3, 2, 9) # 打开 LED
    sleep(1000) # 等待 1 秒
    display.set_pixel(3, 2, 0) # 关闭 LED
    sleep(1000) # 等待 1 秒
```

`while True` 语句让其下面的语句块被无限循环重复执行。`display.set_pixel()` 函数用于定义 LED 点阵显示屏中具体某个 LED 的亮度，其包含 3 个参数，前两个参数来确定对象 LED 的位置。第 1 个参数是对象 LED 的列号，第 2 个参数是对象 LED 的行号。第 3 个参数用于设置对象 LED 的亮度级别（取值在 0 ～ 9 之间，0 为熄灭，9 为最亮），所以该参数为 9 时，即打开 LED，而该参数为 0 时，即关闭 LED。你将在后文中了解 `display.set_pixel()` 函数的第 3 个参数的详细用法。

上面的 MicroPython 语言代码在打开 LED 1 秒钟后，又关闭 LED 1 秒钟，并无限循环。这样就可以产生 LED 闪烁的效果。

注意：Python 语言使用缩进的方式来标记代码块。代码块中的每一行，应该有相同的缩进。你可以使用键盘上的 Tab 键插入相同的缩进，如下所示。

```
while True:
[TAB]display.set_pixel(3, 2, 9)
...
```

设置和获取 LED 的亮度

控制图案的亮度是制作图形和多媒体的关键因素。在 micro:bit 中，你可以设置或获取 LED 点阵中任何 LED 的亮度级别。这是通过 display.set_pixel() 函数的第 3 个参数实现的。

设置亮度

display.set_pixel() 函数的第 3 个参数可用于设置 LED 亮度级别，其可以是 0 ~ 9 之间的任一整数，其中 0 表示 LED 的最小亮度级别（即熄灭状态），9 表示 LED 的最大亮度级别。

如清单 2-2 所示，其代码的作用是将列号为 3、行号为 2 的 LED 的亮度级别设置为 5。

清单 2-2　设置 LED 亮度

```
from microbit import *

display.set_pixel(3,2,5) # 设置亮度级别为 5
```

获取亮度

另一方面，display.get_pixel() 函数可以返回某个 LED 的亮度级别。如清单 2-3 所示，其代码用于获取列号为 3、行号为 2 的 LED 的亮度级别。

清单 2-3　获取 LED 亮度

```
from microbit import *

display.set_pixel(3,2,5) #首先设置亮度级别为 5
pixel_brightness = display.get_pixel(3,2) # 然后获取当前亮度级别
display.scroll("brightness is:"+str(pixel_brightness))
```

之后，micro:bit 的显示屏会滚动显示下面的输出。

```
brightness is:5
```

清除显示屏

display.clear() 函数会把所有 LED 的亮度级别设置为 0。当你想要关闭所有的 LED、清除显示屏时，这个功能非常有用。

如清单 2-4 所示，其代码用于清除显示屏，并在等待几秒钟后重新开启显示屏，并令其达到最大亮度。

清单 2-4　清除显示屏

```
from microbit import *

display.show('X')
sleep(5000) # 等待 5 秒
display.clear() # 设置所有 LED 的亮度级别为 0
sleep(2000) # 等待 2 秒
for x in range(0, 5):
    for y in range(0, 5):
        sleep(100) # 设置足够长的等待时间，让用户可以看到 LED 按顺序打开和
        关闭
        display.set_pixel(x,y,9) # 使用循环，将所有 LED 的亮度级别设置为 9
```

for 命令可以用来创建一个循环，运行若干次相对应的代码。

第一个 for 命令将创建一个循环，运行 5 次代码。次数可以用 range() 函数来定义。第二个 for 命令在第一个 for 命令内部，将创建另一个循环并执行 display.set_pixel() 函数 5 次以打开 LED，并设置亮度级别为 9（最大亮度）。因此，这两个 for 循环将执行 display.set_pixel() 函数 25 次。

如图 2-3 所示，是执行这两个 for 循环点亮 LED 的顺序。

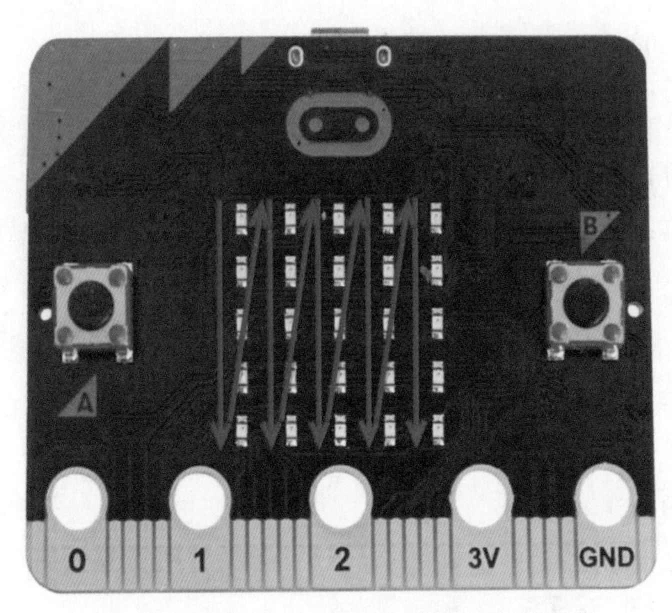

图 2-3 执行两个 for 循环：x 轴方向和 y 轴方向

打开和关闭显示屏

display.off() 函数用于关闭显示屏，并允许你将与显示屏关联的 GPIO 引脚（3、4、6、7、9 和 10）用于其他目的。

如图 2-4 所示，某些 GPIO 引脚连接到 LED 点阵显示屏的行和（或）列，如果要使用它们就必须关闭显示屏，否则 micro:bit 将一直切换引脚，你将看到意外的显示屏输出（具体取决于显示屏所显示的内容）。

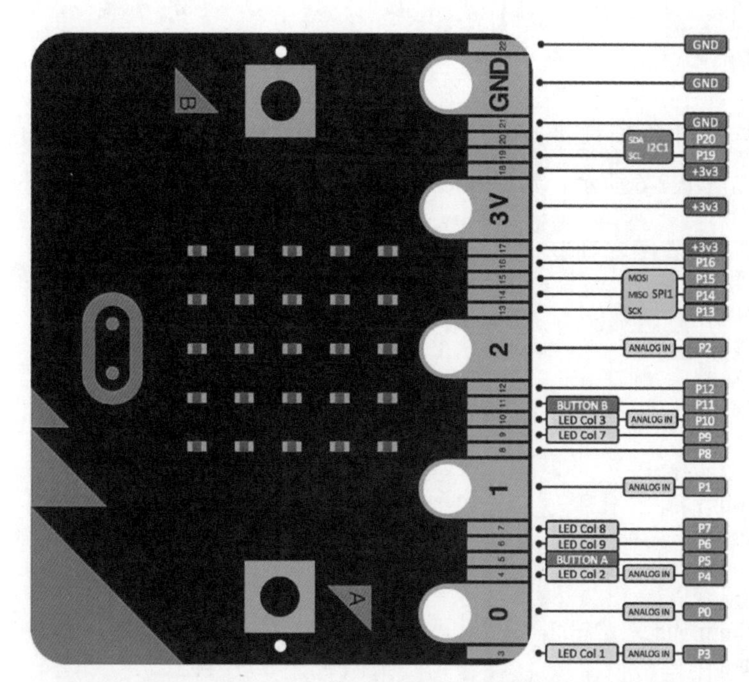

图 2-4　GPIO 引脚 3、4、6、7、9 和 10 连接 LED 点阵显示屏

你可以使用 display.on() 函数再次打开显示屏，使显示屏恢复到正常状态。你还可以使用 display.is_on() 函数获取显示屏的状态：如果显示屏是打开的，则返回 True；如果显示屏是关闭的，则返回 False。

清单 2-5 显示的代码，用于关闭显示屏，进入 GPIO 模式，在等待 5 秒钟后再次打开显示屏。

清单 2-5　打开和关闭 LED 屏幕

```
from microbit import *
display.scroll("Turning display off")
sleep(100)
display.off() # 关闭显示屏，进入 GPIO 模式
sleep(5000)
display.on() # 打开显示屏
if display.is_on():
    display.scroll("Display back on")
```

使用内置的图案

MicroPython 语言的 Image 类中提供了 63 个内置图案，你可以在代码中使用。如清单 2-6 所示，其是 micro:bit 可以使用的内置图案的完整列表。

清单 2-6 内置图案列表

```
Image.HEART
Image.HEART_SMALL
Image.HAPPY
Image.SMILE
Image.SAD
Image.CONFUSED
Image.ANGRY
Image.ASLEEP
Image.SURPRISED
Image.SILLY
Image.FABULOUS
Image.MEH
Image.YES
Image.NO
Image.CLOCK12, Image.CLOCK11, Image.CLOCK10, Image.CLOCK9, Image.
CLOCK8, Image.CLOCK7, Image.CLOCK6, Image.CLOCK5, Image.CLOCK4,
Image.CLOCK3, Image.CLOCK2, Image.CLOCK1
Image.ARROW_N, Image.ARROW_NE, Image.ARROW_E, Image.ARROW_SE, Image.
ARROW_S, Image.ARROW_SW, Image.ARROW_W, Image.ARROW_NW
Image.TRIANGLE
Image.TRIANGLE_LEFT
Image.CHESSBOARD
Image.DIAMOND
Image.DIAMOND_SMALL
Image.SQUARE
Image.SQUARE_SMALL
Image.RABBIT
Image.COW
Image.MUSIC_CROTCHET
Image.MUSIC_QUAVER
Image.MUSIC_QUAVERS
Image.PITCHFORK
Image.XMAS
Image.PACMAN
Image.TARGET
Image.TSHIRT
```

```
Image.ROLLERSKATE
Image.DUCK
Image.HOUSE
Image.TORTOISE
Image.BUTTERFLY
Image.STICKFIGURE
Image.GHOST
Image.SWORD
Image.GIRAFFE
Image.SKULL
Image.UMBRELLA
Image.SNAKE
```

MicroPython 语言可以使用 `display.show()` 函数显示任何图案。`display.show()` 函数以图案作为输入，并将其显示在 LED 点阵显示屏上。

如清单 2-7 所示，其代码用于在 micro:bit 显示屏上显示名为 BUTTERFLY（蝴蝶）的内置图案。

清单 2-7 显示图案 BUTTERFLY

```
from microbit import *
display.show(Image.BUTTERFLY)
```

将上面的代码刷入 micro:bit 中运行，你将看到 LED 点阵显示屏显示的蝴蝶图案，如图 2-5 所示。

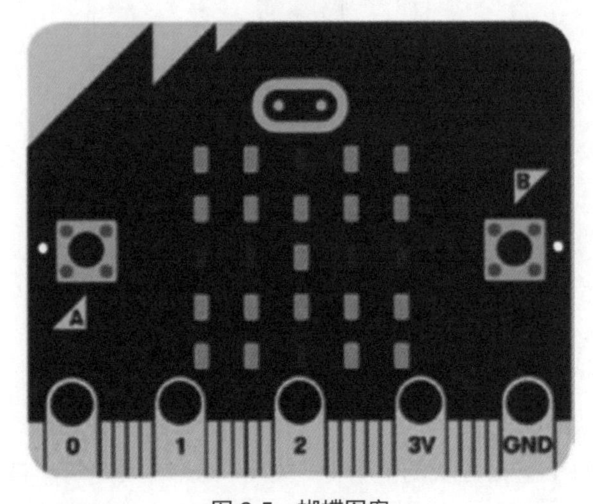

图 2-5 蝴蝶图案

作为练习，你可以修改代码，让显示屏显示其他图案，看看它们是如何在 LED 点阵显示屏上显示的。

在后文中，你将了解如何创建自定义的图案。

创建自己的图案

MicroPython 语言的 `Image` 类允许你创建新的图案。以下步骤将指导你如何创建一个图案并将其转换为代码。

（1）首先设计一个 5 × 5 的网格，根据你的图案的需要，填充每个具体的方块。

（2）要对图案进行编码，请使用以下规则读取网格上每个方块：①如果方块是空的，则它的值为 0；②如果方块被填充，则其值为 1 到 9。

下面我们通过案例学习如何创建一个自定义的图案。在这个案例中，我们要让 micro:bit 的点阵显示屏显示一条鱼的图案。

（1）在纸上绘制一个 5 × 5 的网格，并根据需要填充每个方块，使其形成鱼的形状，如图 2-6 所示。

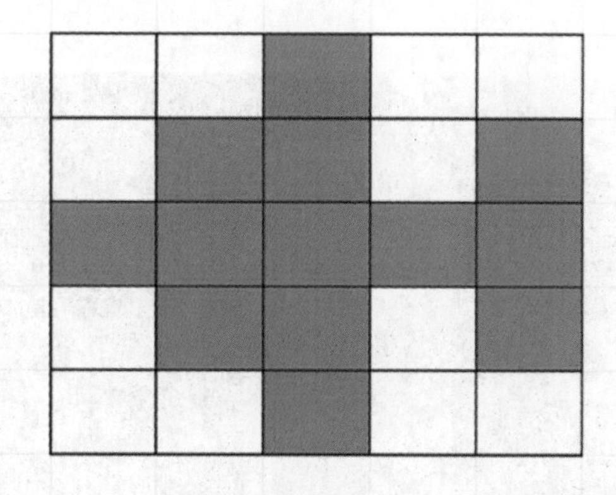

图 2-6 创建鱼的形状

（2）设定每个空白方块的值为 0（关闭状态），设定每个被填充的方块的值为 9（最大亮度级别），如图 2-7 所示。

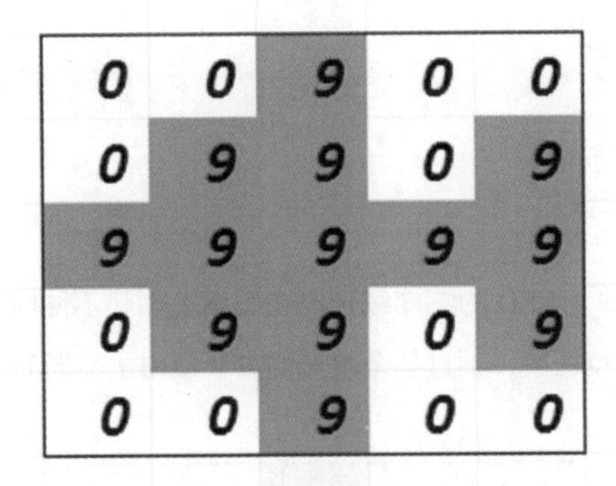

图 2-7　设定每个方块的值

（3）如下所示为每行方块的编码值。

```
00900
09909
99999
09909
00900
```

（4）将每行的编码值写成代码格式。除了最后一组，每组都以冒号结尾并放在双引号内，如下所示。

```
"00900:""09909:""99999:""09909:""00900"
```

（5）为新图案命名，比如命名为 FISH（鱼）并分配编码行，如下所示。

```
FISH = Image ("00900:""09909:""99999:""09909:""00900")
```

（6）使用 display.show() 函数显示该图案，如下所示。

```
display.show(FISH)
```

如清单 2-8 所示，其是以最大亮度级别 9 显示鱼图案的完整代码。

清单 2-8 自定义 FISH 图案

```
from microbit import *
FISH = Image("00900:"
             "09909:"
             "99999:"
             "09909:"
             "00900")
display.show(FISH)
```

你可以改变每个 LED 的亮度级别以在图案上创建不同的明暗效果。如图 2-8 所示，这也是鱼图案，不过各个填充的方块使用了不同的亮度级别。

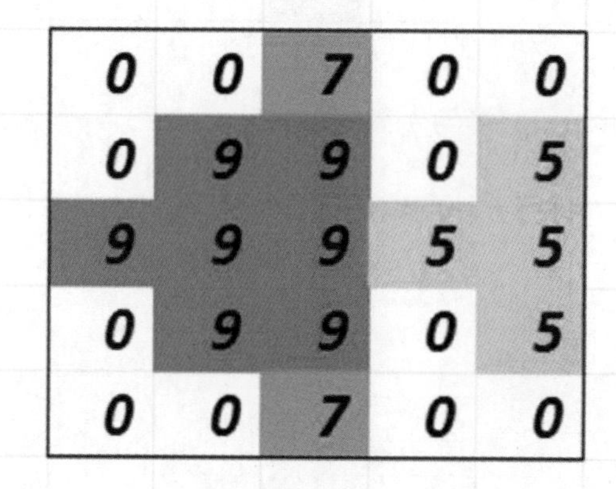

0	0	7	0	0
0	9	9	0	5
9	9	9	5	5
0	9	9	0	5
0	0	7	0	0

图 2-8 使用不同的亮度级别

在图案中，鱼的身体部分的亮度级别为 9，鱼鳍部分的亮度级别为 7，鱼尾部分的亮度级别为 5，通过这样的设置可以创建出不同的明暗效果。亮度级别为 0 的部分方块用于创建背景。如清单 2-9 所示，其是修改后的代码。

清单 2-9 应用不同的亮度级别

```
from microbit import *
FISH = Image("00700:"
             "09905:"
             "99955:"
             "09905:"
             "00700")
display.show(FISH)
```

列表和动画

MicroPython 语言的图案库有两组特殊的内置图案列表：ALL_CLOCKS 和 ALL_ARROWS。如清单 2-10 和 2-11 所示，列出了上述两组图案列表。

清单 2-10　ALL_ CLOCKS

```
Image.CLOCK12, Image.CLOCK11, Image.CLOCK10, Image.CLOCK9, Image.
CLOCK8, Image.CLOCK7, Image.CLOCK6, Image.CLOCK5, Image.CLOCK4,
Image.CLOCK3, Image.CLOCK2, Image.CLOCK1
```

清单 2-11　ALL_ARROWS

```
Image.ARROW_N, Image.ARROW_NE, Image.ARROW_E, Image.ARROW_SE, Image.
ARROW_S, Image.ARROW_SW, Image.ARROW_W, Image.ARROW_NW
```

display.show() 函数可以按顺序显示列表中所有的图案。如清单 2-12 所示，是以动画形式显示 ALL_CLOCKS 图案列表的完整代码。

清单 2-12　使用内置的图案列表显示时钟动画

```
from microbit import *
display.show(Image.ALL_CLOCKS, loop=True, delay=100)
```

ALL_CLOCKS 图案列表包含 12 个图案，可用于显示时钟从 1 点到 12 点的每一个整点的画面。loop=True 会让动画不停播放，delay=100 控制动画的播放速度。

如果需要，你可以从图案列表中选定显示的图案。所有的图案列表都基于 0 索引。例如，ALL_CLOCKS 列表中的 12 个图案的索引为 0 到 11，如下所示。

CLOCK12：索引 0

CLOCK1：索引 1

CLOCK2：索引 2

CLOCK3：索引 3

CLOCK4：索引 4

CLOCK5：索引 5

CLOCK6: 索引 6

CLOCK7: 索引 7

CLOCK8: 索引 8

CLOCK9: 索引 9

CLOCK10: 索引 10

CLOCK11: 索引 11

如清单 2-13 所示，其代码用于显示 CLOCK6 图案，该图案位于 ALL_CLOCKS 列表的索引 6。

清单 2-13 显示 CLOCK6 图案

```
from microbit import *
display.show(Image.ALL_CLOCKS[6]) # 索引 6 对应 CLOCK6 图案
```

如清单 2-14 所示，其代码通过图案索引来显示时钟动画。

清单 2-14 使用图案索引显示动画

```
from microbit import *
for x in range(0,12):
    display.show(Image.ALL_CLOCKS[x])
    sleep(100)
```

清单 2-14 中的代码将会显示每个 CLOCK 图案，从 12 点（即 0 点）到 11 点逐个显示（依次为 12、1、2、…、10、11）。你可以按重置按钮从头开始播放动画，也可以在代码中添加 While True 无限循环语句来循环播放动画。

你还可以使用内置的图案创建新的图案列表，从而制作动画。例如，下面名为 spooky 的新建图案列表中有 3 个内置图案：GHOST、SWORD 和 SKULL。

```
spooky = [Image.GHOST, Image.SWORD, Image.SKULL]
```

你可以使用这个列表创建一个简单的动画，如清单 2-15 所示。动画会一直运行，每个图案显示 1 秒钟。

清单 2-15　显示幽灵的图案列表

```
from microbit import *
spooky = [Image.GHOST, Image.SWORD, Image.SKULL]
display.show(spooky, loop=True, delay=1000)
```

你可以设计列表中图案的顺序，并通过在图案之间添加延迟来制作动画。如清单 2-16 所示，其代码会在 micro:bit 显示屏上显示两个心形图案的简单动画。

清单 2-16　显示一颗跳动的心

```
from microbit import *
while True:
    display.show(Image.HEART)
    sleep(500)
    display.show(Image.HEART_SMALL)
    sleep(500)
```

首先，大的爱心图案将在屏幕上显示 0.5 秒；然后，小的爱心图案会在屏幕上显示 0.5 秒。`While True` 无限循环语句将令显示屏不断地重复显示这个动画，从而产生闪烁的效果。

如清单 2-17 所示，其代码使用 12 个不同的 `CLOCK` 图案制作时钟动画。

清单 2-17　用 12 个图案制作时钟动画

```
from microbit import *
while True:
    display.show(Image.CLOCK12)
    sleep(100)
    display.show(Image.CLOCK1)
    sleep(100)
    display.show(Image.CLOCK2)
    sleep(100)
    display.show(Image.CLOCK3)
    sleep(100)
    display.show(Image.CLOCK4)
    sleep(100)
    display.show(Image.CLOCK5)
    sleep(100)
    display.show(Image.CLOCK6)
```

```
sleep(100)
display.show(Image.CLOCK7)
sleep(100)
display.show(Image.CLOCK8)
sleep(100)
display.show(Image.CLOCK9)
sleep(100)
display.show(Image.CLOCK10)
sleep(100)
display.show(Image.CLOCK11)
sleep(100)
display.show(Image.CLOCK12)
```

在这段代码中，`display.show()` 函数用于依次显示每个 `CLOCK` 图案，`sleep()` 函数设定这些图案显示的间隔为 0.1 秒。`While True` 无限循环语句会创建一个连续的循环，让时钟的时针按照顺时针方向不停地移动。

自定义动画

如果你有一组自定义的图案，就可以将其循环显示，从而生成动画，比如我们可以基于前文自定义的图案 `FISH` 生成简单的动画。

我们可以创建一系列的图案，让鱼从 LED 点阵显示屏的右边移动到左边。如图 2-9 所示，是将鱼从初始位置向左移动的一组图案，按顺序播放，可以模拟出鱼在游泳的效果。

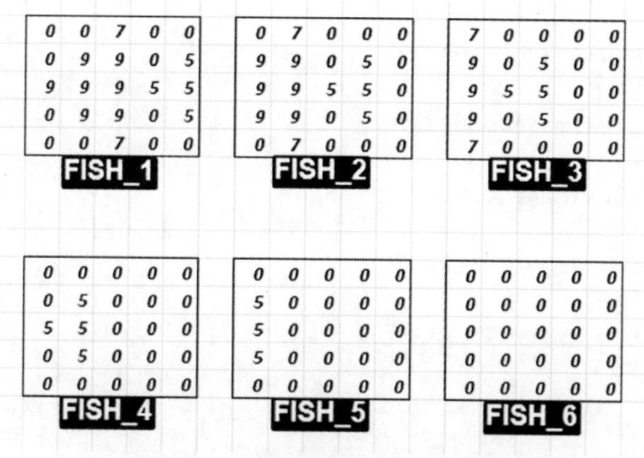

图 2-9 “鱼”动画的一组图案

如清单 2-18 所示，其是创建该动画的完整代码。

清单 2-18　创建一组自定义图案制作动画

```
from microbit import *
FISH_1 = Image("00700:"
               "09905:"
               "99955:"
               "09905:"
               "00700")
FISH_2 = Image("07000:"
               "99050:"
               "99550:"
               "99050:"
               "07000")
FISH_3 = Image("70000:"
               "90500:"
               "95500:"
               "90500:"
               "70000")
FISH_4 = Image("00000:"
               "05000:"
               "55000:"
               "05000:"
               "00000")
FISH_5 = Image("00000:"
               "50000:"
               "50000:"
               "50000:"
               "00000")
FISH_6 = Image("00000:"
               "00000:"
               "00000:"
               "00000:"
               "00000")
ALL_FISH = [FISH_1, FISH_2, FISH_3, FISH_4, FISH_5, FISH_6]
display.show(ALL_FISH, loop=True, delay=250)
```

ALL_FISH 列表包含 6 个图案，用于模拟鱼在游泳的效果。图案间的间隔设置为 0.25 秒，让动画播放的速度慢一点。loop=True 无限循环语句使动画一直播放。

2.2　总结

首先，我们在本章中学习了如何使用 LED 点阵显示屏显示图案。micro:bit 的 LED 点阵显示屏可以显示内置图案，也可以在上面自定义图案。

然后，我们学习了如何基于内置的图案列表和自定义图案列表来创建动画。

最后，我们学习了如何使用一组核心的 display 函数来控制 LED 点阵显示屏。

在下一章，我们将学习如何使用按钮来获取用户输入，并控制程序的执行流程。

第3章

使用按钮

现在你已经非常熟悉 micro:bit 的 LED 点阵显示屏，能够玩转图案和动画了。

在本章中，你将学习如何使用 micro:bit 正面的两个按钮。另外你还将学习如何连接外部按钮来处理用户输入，并根据按钮事件控制程序的执行流程。

3.1 micro:bit的按钮

micro:bit 有两个瞬时按钮，位于板子的正面，分别标记为 A 和 B，如图 3-1 所示。按钮 A 在内部连接的是数字引脚 5，按钮 B 在内部连接的是数字引脚 11。你将会在第 4 章中学习输入 / 输出（I/O）引脚。

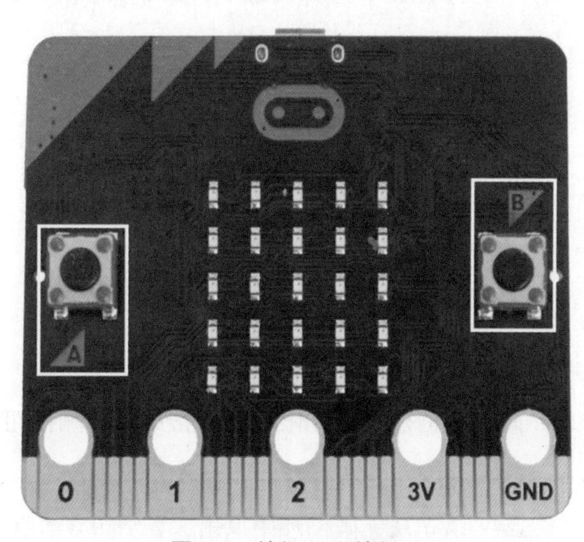

图 3-1　按钮 A 和按钮 B

使用按钮处理用户输入

micro:bit 的按钮用于在运行代码时获取用户输入并做出响应。MicroPython 库提供了一些与两个按钮进行交互的方法，如下。

- `button_a.is_pressed()`
- `button_a.was_pressed()`
- `button_a.get_presses()`
- `button_b.is_pressed()`
- `button_b.was_pressed()`
- `button_b.get_presses()`

按住按钮不放

首先你要学习如何使用 `is_pressed()` 方法来检查用户是否正在按住按钮。如果按钮正被按住不放，此方法将返回 True，否则返回 False。该事件仅在按钮被按住不放时才会触发。

如清单 3-1 所示，其代码用于检查按钮 A 是否被按住不放。当你按住按钮 A 时，LED 点阵显示屏将显示笑脸图案；否则 LED 点阵显示屏将显示悲伤图案。

清单 3-1 检查按钮 A 是否正被按住

```
from microbit import *

while True:
    if button_a.is_pressed():
        display.show(Image.HAPPY)
    else:
        display.show(Image.SAD)
```

`while True` 语句会创建一个无限循环，帮助你检测按钮的状态。如果你按住按钮，`is_pressed()` 方法将返回 True，否则返回 False。

你可以使用 `break` 语句从无限循环中退出，如清单 3-2 所示。

清单 3-2 检查按钮是否被按下，并退出 while True 无限循环

```
from microbit import *

while True:
    if button_a.is_pressed():
        display.show(Image.HAPPY)
    elif button_b.is_pressed():
        break
    else:
        display.show(Image.SAD)

display.clear()
```

按照此代码，当你按住按钮 B 时，程序的执行流程将从 `while True` 无限循环中退出并执行 `display.clear()` 方法。你可以按重置按钮，重新开始运行程序。

如清单 3-3 所示，其代码用于检查按钮 A 和按钮 B 是否同时被按住不放。逻辑 `and` 语句用来检查两个条件是否都是 True。

清单 3-3 检查是否同时按住了两个按钮

```
from microbit import *

while True:
    if button_a.is_pressed() and button_b.is_pressed():
        display.scroll("AB")
    elif button_a.is_pressed():
        display.scroll("A")
    elif button_b.is_pressed():
        display.scroll("B")
    sleep(100)
```

按下按钮后松开

如果你按下按钮后松开，则 `was_pressed()` 方法返回 True。如清单 3-4 所示，其代码用于检查按钮 A 是否被按下并松开。

清单 3-4 检查按钮 A 是否被按下并松开

```
from microbit import *

while True:
    if button_a.was_pressed():
        display.show(Image.HAPPY)
    else:
        display.show(Image.SAD)
    sleep(3000)
```

在 micro:bit 上运行这段代码时，最初 LED 点阵显示屏会显示一个悲伤图案。如果你按下按钮 A，笑脸图案就会在 LED 点阵显示屏上显示 3 秒钟，这是由 `sleep` 方法定义的持续时间。之后，显示屏仍会显示一个悲伤图案，直到你再次按下按钮 A 为止。

如果程序正处于休眠（`sleep`）阶段，这时你按下按钮 A 并松开，程序不会立即检测到，但会在下一次循环中检测到。

按下按钮的次数

`get_presses()` 方法可以返回一个按钮被按下的次数。如清单 3-5 所示，其代码用于计算按钮 A 被按下的次数。

清单 3-5 计算按钮 A 被按下的次数

```
from microbit import *

while True:
    sleep(10000)
    display.scroll(str(button_a.get_presses()))
```

`sleep` 函数用于暂停程序。在此期间，程序将统计用户按下按钮 A 的次数，你可以增加暂停的时间，从而按下按钮 A 更多次。最后，`get_presses()` 方法就会返回按钮 A 被按下的次数。`str()` 函数把使用 `button_a.get_presses()` 方法获得的数字转换为字符串，并使之在显示屏上滚动显示。

3.2 接入外部按钮

micro:bit 上面的两个按钮被称为“瞬时按钮”。

我们可以接入外部按钮，从而增加按钮的数量来处理更多的用户输入。当然，我们也可以用外部按钮取代原来的两个瞬时按钮。

瞬时按钮

通常来说，一个瞬时按钮有 4 个引脚，如图 3-2 所示。

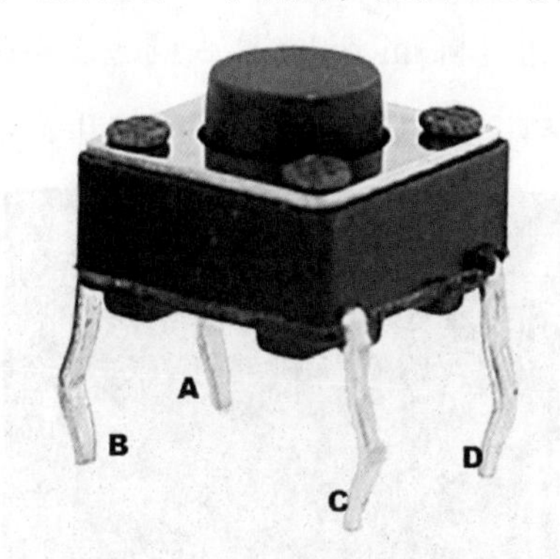

图 3-2 瞬时按钮的引脚

4 个引脚之间的内部连接如图 3-3 所示。

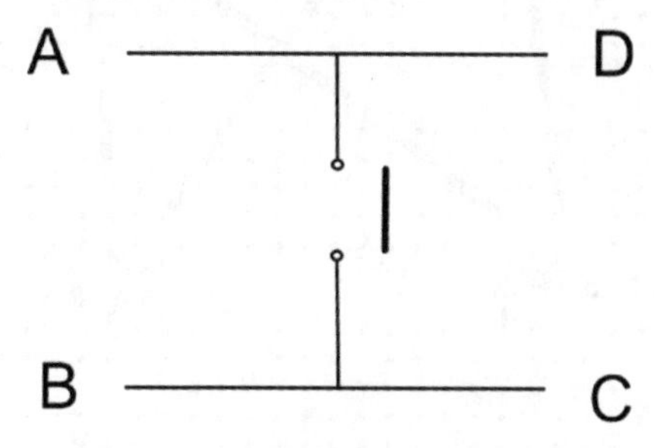

图 3-3 4 个引脚之间的内部连接

其开关通常处于 OPEN（打开）状态，你必须按下按钮才能让电路连通。该电路通过 AB、CD、AC 或 BD 都可以实现连通。

使用外部按钮

你可以使用外部瞬时按钮取代按钮 A 和按钮 B。

按钮 A 在 micro:bit 内部连接的是引脚 5，按钮 B 在 micro:bit 内部连接的是引脚 11。引脚 5 和引脚 11 具有上拉电阻，这意味着在默认情况下，它们使用 3V 的电压。

将外部瞬时按钮连接到 micro:bit 上，从而获得按钮 A 和按钮 B 的功能的方法如图 3-4 所示。你不需要使用额外的上拉电阻，因为引脚 5 和引脚 11 都具有内置的上拉电阻。通过将 micro:bit 插入到边缘连接器扩展板中，你可以轻松访问 micro:bit 的引脚 5 和引脚 11（更多相关知识，请参阅第 4 章）。

图 3-4 将外部按钮连接到按钮 A 和按钮 B 上

如清单 3-6 所示，其代码用于测试新的外部按钮。在前文的清单 3-3 中，我们可以找到相同的代码。

清单 3-6　使用外部按钮

```
from microbit import *

while True:
    if button_a.is_pressed() and button_b.is_pressed():
        display.scroll("AB")
        break
    elif button_a.is_pressed():
        display.scroll("A")
    elif button_b.is_pressed():
        display.scroll("B")
sleep(100)
```

将按钮连接到 GPIO

你可以将外部按钮连接到 GPIO 引脚 0 ~ 16 上。如图 3-5 所示，该接线图让一个外部瞬时按钮与 GPIO 引脚 0 和一个约 1 千欧的上拉电阻连接。

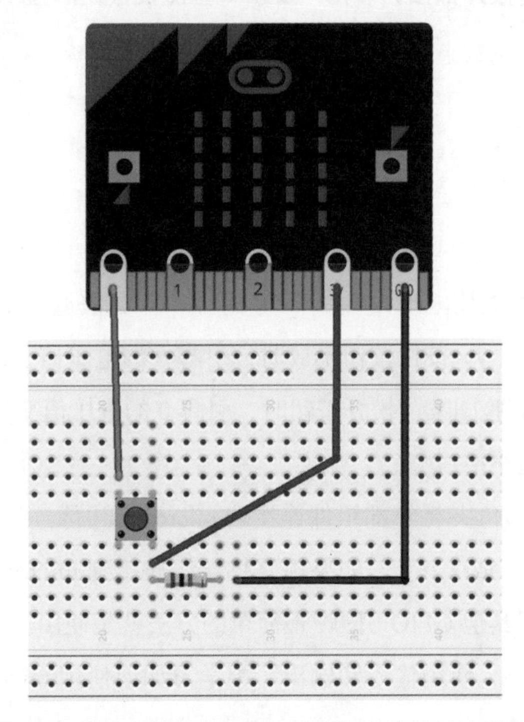

图 3-5　将外部按钮与 GPIO 的引脚 0 连接（接线图）

图 3-5 的接线图的原理图如图 3-6 所示。

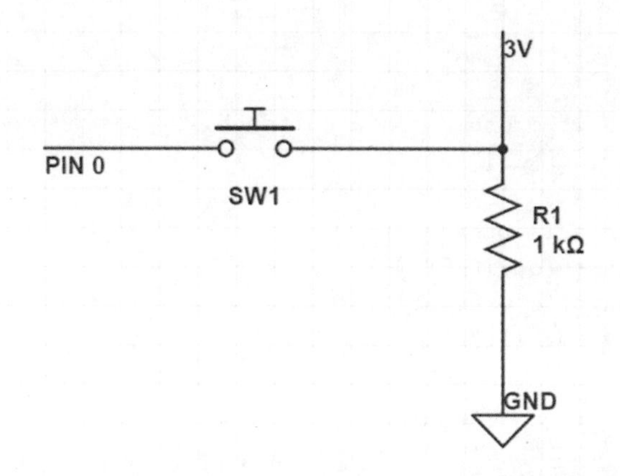

图 3-6 将外部按钮与 GPIO 引脚 0 连接（原理图）

如清单 3-7 所示，其代码用于测试新按钮的按下事件。

清单 3-7 通过连接外部按钮和 GPIO 引脚来测试按钮的按下事件

```
from microbit import *

while True:
    if pin0.read_digital():
        display.show(Image.HAPPY)
    else:
        display.show(Image.SAD)
```

根据引脚 0 的电压电平，`read_digital()` 方法返回 1（电平为 3V 时）或 0（电平为 0V 时）。按住按钮不放时，引脚 0 的电压值变为 3V，LED 点阵显示屏就会显示笑脸图案。松开按钮时，引脚 0 的电压值变为 0V，LED 点阵显示屏就会显示悲伤图案。

你可以使用鳄鱼夹将外部组件连接到 micro:bit 边缘连接器的大引脚（比如 GPIO 引脚 0、1 或 2）上。如果想要将导线连接到 micro:bit 边缘连接器的小引脚上，以访问其他 GPIO 引脚，最简单的方法就是使用边缘连接器扩展板。你将在本书第 4 章“使用输入和输出”中学习如何使用 micro:bit 的边缘连接器扩展板。

3.3 总结

在本章中，你了解了 micro:bit 上面的两个按钮，学习了按钮事件和外部按钮的使用。

下一章将介绍如何通过 micro:bit 边缘连接器使用输入 / 输出，如何通过通信协议（如 SPI、UART 和 I2C）连接设备。

第4章

使用输入和输出

在本章中，你将学习如何通过边缘连接器处理 micro:bit 的输入和输出。25 个 I/O 引脚可以在模拟、数字、I2C、SPI、UART 等环境下工作。一些 I/O 引脚也专门用于创建触控应用程序。micro:bit 的边缘连接器只为初级用户提供了 3 个 I/O 大引脚，如果你想访问全部的 I/O 引脚，就需要使用边缘连接器扩展板。

4.1 边缘连接器

通过边缘连接器可连接 micro:bit 的 I/O 引脚，如图 4-1 所示。边缘连接器包括大引脚和小引脚。大引脚仅包括 GPIO 引脚 0、1 和 2，共 3 个。

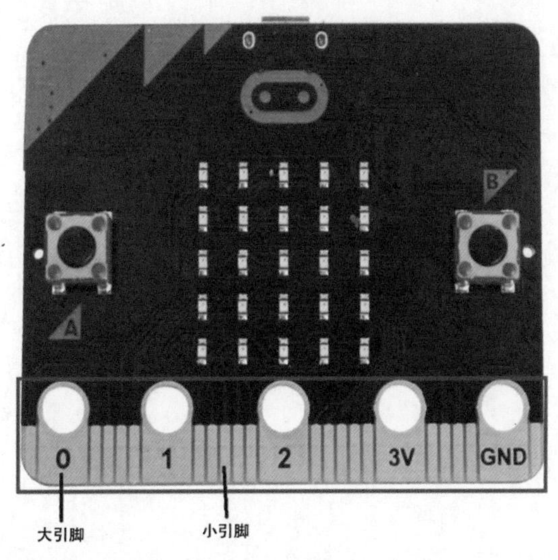

图 4-1　边缘连接器包含大引脚和小引脚（图片来自 micro:bit 教育基金会）

使用边缘连接器扩展板

在实际应用中，边缘连接器的小引脚难以用鳄鱼夹连接。作为解决方案，你可以使用边缘连接器扩展板来访问所有 25 个 I/O 引脚。micro:bit 引脚被分成一排引脚头，你可以使用公对母跳线连接引脚头。I2C 引脚（引脚 19 和引脚 20）与引脚头分离，以焊盘的形式出现。边缘连接器扩展板如图 4-2 所示。

图 4-2 边缘连接扩展板（图片来自 Kitronik）

边缘连接器扩展板有四个主要的区域，如图 4-3 所示。

（1）BBC micro:bit 兼容连接器：可以将 micro:bit 插入到边缘连接器侧面的插槽中。

（2）I2C 引脚：通过焊盘连接到 micro:bit 的 I2C 引脚（引脚 19 和引脚 20）。

（3）引脚头：引脚头以 20×2 形式排列，按照旁边的号码可连接 micro:bit 上对应编号的引脚。你可以使用 IDC 电缆或跳线进行连接。

（4）原型区：允许你使用开关、传感器和任何上拉电阻 / 下拉电阻对该区域中的简单电路进行原型设计。该区域包括 3V 行、0V 行，以及 3 个额外的连接部分。

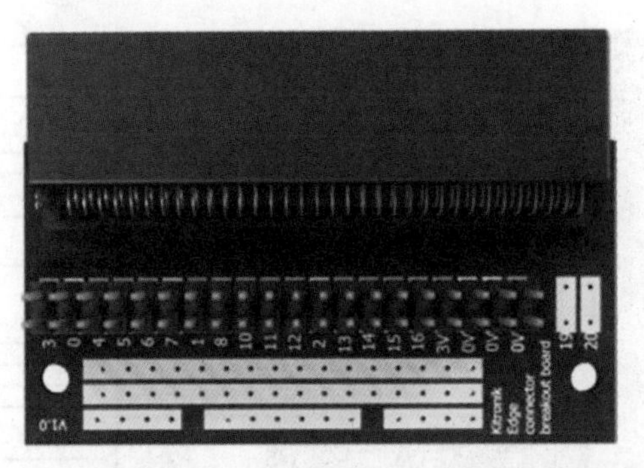

图 4-3　边缘连接扩展板的主要区域（图片来自 Kitronik）

将 micro:bit 插入边缘连接器扩展板的方法如图 4-4 所示，要确保将其牢固地插入插槽中，其带有 LED 点阵显示屏的一面应朝上。

图 4-4　将 micro:bit 插入边缘连接器扩展板

I/O 引脚实验

25 个 I/O 引脚可被分为三种类型：触摸引脚、模拟引脚和数字引脚。此外，某些数字引脚专门用于串行通信协议，如 I2C、SPI 和 UART。引脚类型和用法如图 4-5 所示。

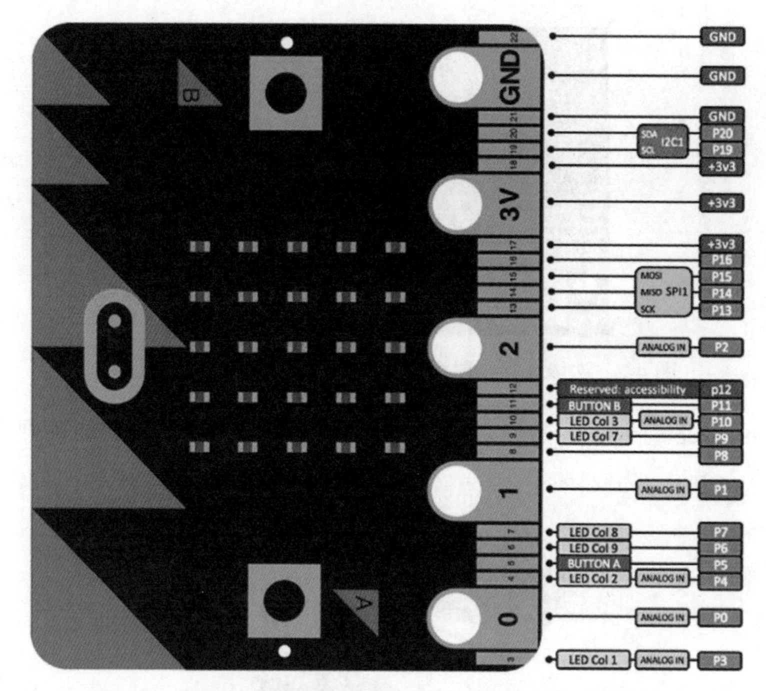

图 4-5 引脚类型和用法（图片来自 micro:bit 教育基金会）

每个引脚的类型和功能如表 4-1 所示。

表 4-1 micro:bit 的 I/O 引脚的类型和功能

引 脚	类 型	功能描述
22	0V	0V/GND
0V	0V	0V/GND
21	0V	0V/GND
20	SDA	串行数据引脚，通过 I2C 总线连接到磁力计和加速度计
19	SCL	串行时钟引脚，通过 I2C 总线连接到磁力计和加速度计
18	3V	3V / 电源正极
3V	3V	3V / 电源正极
17	3V	3V / 电源正极
16	DIO	通用数字 I/O

续表

引 脚	类 型	功能描述
15	MOSI	串行连接：主机输出 / 从机输入
14	MISO	串行连接：主机输入 / 从机输出
13	SCK	串行连接时钟
2	PAD2	通用数字 / 模拟 I/O
12	DIO	通用数字 I/O
11	BTN_B	按钮 B：正常为高，按下时为低
10	COL3	LED 点阵的第 3 列
9	COL7	LED 点阵的第 7 列①
8	DIO	通用数字 I/O
1	PAD1	通用数字 / 模拟 I/O
7	COL8	LED 点阵的第 8 列
6	COL9	LED 点阵的第 9 列
5	BTN_A	按钮 A：正常为高，按下时为低
4	COL2	LED 点阵的第 2 列
0	PAD0	通用数字 / 模拟 I/O
3	COL1	LED 点阵的第 1 列

资料来自 Kitronik

触摸引脚

micro:bit 有 3 个专用的大引脚，被称为“触摸引脚”，如图 4-6 所示，可根据模拟输入来创建触控应用程序，分别是引脚 0、1 和 2。触摸引脚允许你用指尖触摸它们以改变电容。首先你用手指按住 GND 引脚，然后按住与应用程序相关的触摸引脚，即可在触摸引脚上施加身体的电容。

① 译者注：在 LED 点阵的电路图中，其电路是按照 3 行 9 列形式排列的。

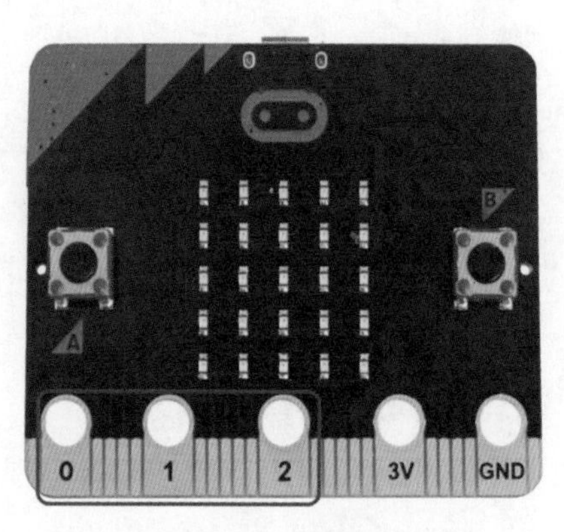

图 4-6 触摸引脚

图 4-7 教你如何触摸并按住 GND 引脚和引脚 0。

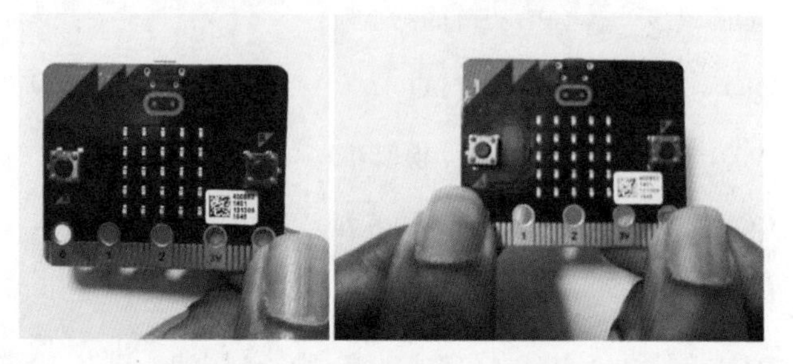

图 4-7 首先按住 GND 引脚（左图），然后触摸引脚 0（右图）

如清单 4-1 所示，其代码通过人体触摸引脚 0 来检测人体的电容。如果你在按住 GND 引脚的时候触摸了引脚 0，LED 点阵显示屏将显示笑脸图案，否则，其将显示悲伤图案。

清单 4-1 检测人体触摸

```
from microbit import *

while True:
    if pin0.is_touched():
        display.show(Image.HAPPY)
    else:
        display.show(Image.SAD)
```

micro:bit 的 `TouchPin` 类提供了 `is_touched()` 方法，如果用手指触摸该引脚则返回 True，否则返回 False。`display` 类的 `show()` 方法用于在

LED 点阵显示屏上显示图案。

当你触摸大引脚时，其上的电容会增加。你可以使用 read_analog() 方法来确定大引脚上的电容，它会返回一个值（该值在 0 ~ 1023 之间）。

如清单 4-2 所示，其代码用于读取引脚 0 上的电容。

清单 4-2　读取引脚 0 上的电容

```
from microbit import *
while True:
    display.scroll(str(pin0.read_analog()))
    sleep(100)
```

模拟输入和输出

你可以使用上文提到的大引脚来创建具有模拟输入和输出的电路。首先，准备以下组件来创建电路：① 10kΩ 的电位计；②三条导线，每条导线的两端都有鳄鱼夹；③ 3mm LED。

该电路的接线图如图 4-8 所示。

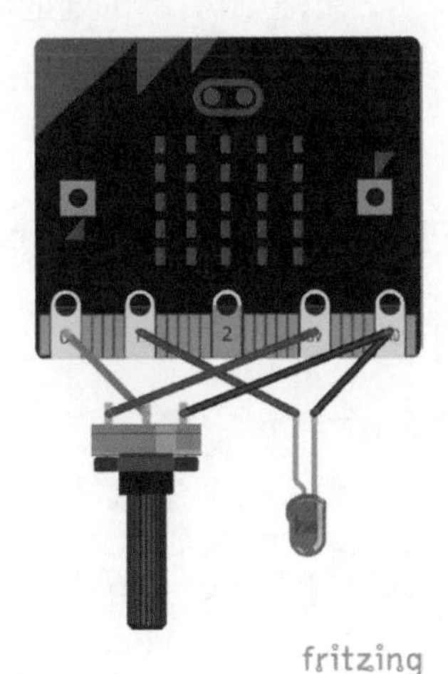

图 4-8　模拟输入和输出电路的接线图

按照以下步骤连接电路。

（1）将 LED 的正极引线连接到 micro:bit 的引脚 1 上。

（2）将 LED 的负极引线连接到 micro:bit 的 GND 引脚上。

（3）将电位计的中间引脚连接到 micro:bit 的引脚 0 上。

（4）将电位计的一个外部引脚连接到 micro:bit 的 3V 引脚上。

（5）将电位计的另一个外部引脚连接到 micro:bit 的 GND 引脚上。

如清单 4-3 所示，其代码可以使用电位计控制 LED 亮度。

清单 4-3 控制 LED 亮度

```
from microbit import *

while True:
    pin1.write_analog(pin0.read_analog())
    sleep(100)
```

当转动电位计的轴时，中心引脚的电压就会发生变化。micro:bit 引脚 0 也会产生相同的效果。你可以使用 `read_analog()` 方法读取中心引脚的电压，并在引脚 1 上写入相同的值来更改 LED 的亮度。

`read_analog()` 返回 1 个值在 0 ~ 1023 之间的整数。可以将相同的值传递给 `write_analog()` 方法以控制引脚 1 处的电压，该电压控制所连接的 LED 的亮度。

以下步骤说明，当引脚 0 上的模拟值为 500 时，如何计算引脚 1 上的电压。

首先，将最大电压 3V 除以 1023，从而计算出模拟值为 1 时的电压。

```
3.0V / 1023 = 0.002932551V
```

然后将此结果乘以 500。

```
0.002932551V × 500 = 1.46V
```

因此，值为 500 时，将向引脚 1 发送 1.46V 的信号。

数字输入和输出

数字信号或数据可以表示为 0 和 1 的序列。如图 4-9 所示，这是一个随时间变化呈现两种状态的数字信号。高的电压值为 3.3V，低的电压值为 0V。

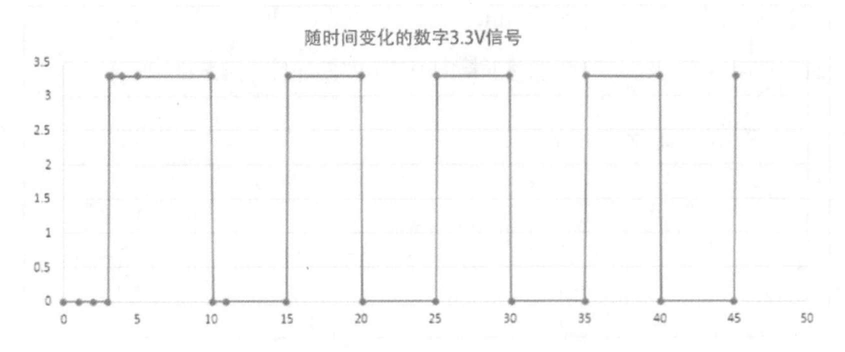

图 4-9　随时间变化的数字 3.3V 信号

你还可以使用边缘连接器中的大引脚来处理数字信号。到目前为止，你已经知道了，大引脚（引脚 0、1 和 2）对于触摸、模拟和数字信号的输入 / 输出都是支持的。

首先，你要学习如何使用数字读取按钮的状态，以及如何使用 LED 显示按钮状态。接线图如图 4-10 所示。

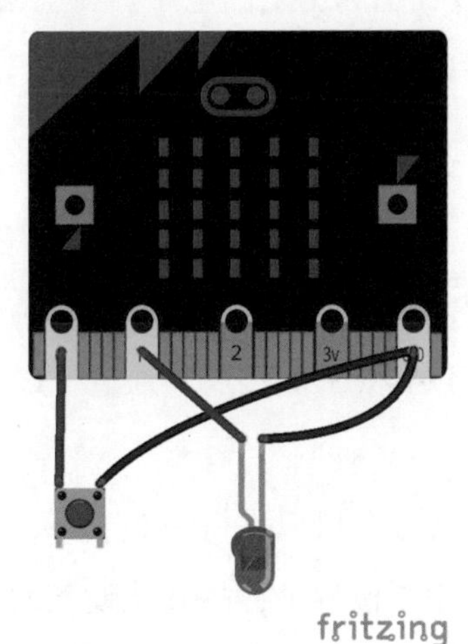

图 4-10　数字输入和输出电路的接线图

请按照以下步骤建立连接。

（1）将按钮连接到 micro:bit 上的引脚 0 和 GND 引脚之间。

（2）将 LED 的正极连接到 micro:bit 的引脚 1 上。

（3）将 LED 的负极连接到 micro:bit 的 GND 引脚上。

如清单 4-4 所示，其代码用于检测按钮状态并控制 LED。

清单 4-4 检测按钮状态

```
from microbit import *

while True:
    if pin0.read_digital():
        pin1.write_digital(1)
    else:
        pin1.write_digital(0)
```

当你按住按钮时，read_digital() 方法返回 1。if 语句用于检查引脚 0 的返回值。

或者，你可以把 if pin0.read_digital(): 语句修改为 pin0.read_digital()== 1 :。write_digital() 方法将通过写入 1 或 0（具体取决于按钮状态）来改变引脚 1 上的电压。在上面的例子中，如果按下按钮 ,LED 将被点亮，否则 LED 将被熄灭。

I2C（内部集成电路）

micro:bit 支持 I2C(内部集成电路)通信协议,允许通过 I2C 总线连接设备。你可以使用 micro:bit 的 SDA 和 SCL 引脚，通过 I2C 总线进行通信。因此 I2C 需要两根电线进行通信。

根据其配置，I2C 总线最多可以支持 1024 个从设备。但由于 micro:bit 使用的 MicroPython 语言使用 7 位寻址，故其从设备的数量为 128。I2C 总线的主设备和从设备之间的通信路径如图 4-11 所示。

幸运的是，你无须将任何支持 I2C 的传感器与 micro:bit 连接，就可以学习如何通过 I2C 总线读取传感器数据。micro:bit 的板载磁力计和加速度计已在内部连接到 I2C 总线上。

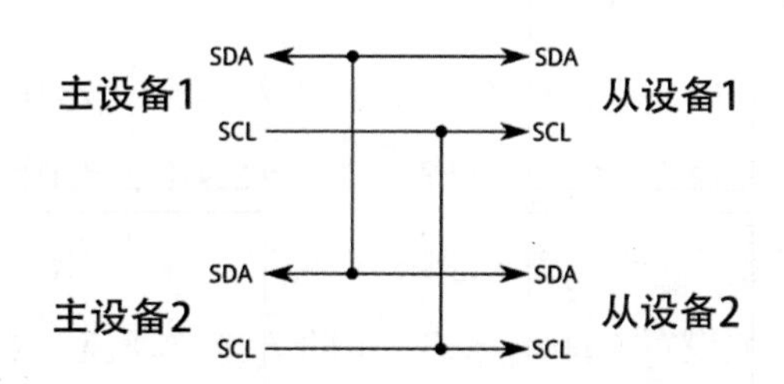

图 4-11　通过 I2C 总线连接的主设备和从设备

以下是通过连接到 I2C 总线的加速度计读取数据的示例。micro:bit 使用 NXP/Freescale MMA8652FC 三轴 12 位数字加速度计传感器。

MMA8652FC 数据手册中部分的寄存器地址映射，如图 4-12 所示。

名字	类型	寄存器地址	自动递增地址 FMODE = 0 F_READ = 0	FMODE > 0 F_READ = 0	FMODE = 0 F_READ = 1	FMODE > 0 F_READ = 1	默认	十六进制值	备注
STATUS/F_STATUS[1][2]	R	0x00	0x01				00000000	0x00	FMODE = 0, real time status FMODE > 0, FIFO status
OUT_X_MSB[1][2]	R	0x01	0x02	0x01	0x03	0x01	Output	—	[7:0] are 8 MSBs of 12-bit sample. / Root pointer to XYZ FIFO data.
OUT_X_LSB[1][2]	R	0x02	0x03		0x00		Output	—	[7:4] are 4 LSBs of 12-bit real-time sample
OUT_Y_MSB[1][2]	R	0x03	0x04		0x05	0x00	Output	—	[7:0] are 8 MSBs of 12-bit real-time sample
OUT_Y_LSB[1][2]	R	0x04	0x05		0x00		Output	—	[7:4] are 4 LSBs of 12-bit real-time sample
OUT_Z_MSB[1][2]	R	0x05	0x06		0x00		Output	—	[7:0] are 8 MSBs of 12-bit real-time sample
OUT_Z_LSB[1][2]	R	0x06	0x00				Output	—	[7:4] are 4 LSBs of 12-bit real-time sample
Reserved	R	0x07 0x08	—	—	—	—	—	—	Reserved. Read return 0x00.
F_SETUP[1][3]	R/W	0x09	0x0A				00000000	0x00	FIFO setup
TRIG_CFG[1][4]	R/W	0x0A	0x0B				00000000	0x00	Map of FIFO data capture events
SYSMOD[1][2]	R	0x0B	0x0C				00000000	0x00	Current System mode
INT_SOURCE[1][2]	R	0x0C	0x0D				00000000	0x00	Interrupt status
WHO_AM_I[1]	R	0x0D	0x0E				01001010	0x4A	Device ID (0x4A)
XYZ_DATA_CFG[1][4]	R/W	0x0E	0x0F				00000000	0x00	Dynamic Range Settings
HP_FILTER_CUTOFF[1][4]	R/W	0x0F	0x10				00000000	0x00	High-Pass Filter Selection

图 4-12　MA862FC 的寄存器地址映射

测量的加速度数据以 12 位补码的形式，存储在以下的寄存器中。

- OUT_X_MSB, OUT_X_LSB
- OUT_Y_MSB, OUT_Y_LSB

- OUT_Z_MSB, OUT_Z_LSB

你可以将测量的加速度读取为 8 位或 12 位结果。数据手册上写道：每个轴的最重要的 8 位存储在 OUT_X (Y, Z)_MSB 中，因此只需要 8 位结果的应用程序可以使用这三个寄存器（忽略 OUT_X/Y/Z_LSB 寄存器）。如果仅使用 8 位结果，则必须设置 CTRL_REG1 中的 F_READ 位，如图 4-13 所示。当 F_READ 位清零时，不可以使用快速读取模式。

PULSE_TMLT(1)(4)	R/W	0x26	0x27	00000000	0x00	Time limit for pulse
PULSE_LTCY(1)(4)	R/W	0x27	0x28	00000000	0x00	Latency time for 2nd pulse
PULSE_WIND(1)(4)	R/W	0x28	0x29	00000000	0x00	Window time for 2nd pulse
ASLP_COUNT(1)(4)	R/W	0x29	0x2A	00000000	0x00	Counter setting for Auto-SLEEP
CTRL_REG1(1)(4)	R/W	0x2A	0x2B	00000000	0x00	Data rates and modes setting
CTRL_REG2(1)(4)	R/W	0x2B	0x2C	00000000	0x00	Sleep Enable, OS modes, RST, ST
CTRL_REG3(1)(4)	R/W	0x2C	0x2D	00000000	0x00	Wake from Sleep, IPOL, PP_OD
CTRL_REG4(1)(4)	R/W	0x2D	0x2E	00000000	0x00	Interrupt enable register
CTRL_REG5(1)(4)	R/W	0x2E	0x2F	00000000	0x00	Interrupt pin (INT1/INT2) map
OFF_X(1)(4)	R/W	0x2F	0x30	00000000	0x00	X-axis offset adjust
OFF_Y(1)(4)	R/W	0x30	0x31	00000000	0x00	Y-axis offset adjust
OFF_Z(1)(4)	R/W	0x31	**0x0D**	00000000	0x00	Z-axis offset adjust

图 4-13　CTRL_REG1 寄存器[①]

从数据表可以看出，加速度计的 I2C 器件的地址为 0x1D（如图 4-14）。

Pin #	Pin Name	Description	Notes
1	VDD	Power supply	Device power is supplied through the VDD line. Power supply decoupling capacitors should be placed as close as possible to pin 1 and pin 8 of the device.
2	SCL(1)	I²C Serial Clock	7-bit I²C device address is 0x1D.
3	INT1	Interrupt 1 output	The interrupt source and pin settings are user-programmable through the I²C interface.
4	BYP	Internal regulator output capacitor connection	
5	INT2	Interrupt 2 output	See INT1.
6	GND	Ground	
7	GND	Ground	
8	VDDIO	Digital Interface Power supply	
9	GND	Ground	
10	SDA(1)	I²C Serial Data	See SCL.

图 4-14　加速度计芯片的 I2C 器件地址[②]

如清单 4-5 所示，其代码用于读取 x 轴的加速度并在 Mu 编辑器的 REPL 提示区中显示。

① 译者注：图上的“Data rates and modes setting”意为“数据速率和模式设置”。
② 译者注：图上的“7-bit I2C device address is 0x1D”意为“7 位 I2C 器件的地址是 0x1D”。

清单 4-5 通过 I2C 读取 x 轴加速度数据

```
from microbit import *

i2c.write(0x1d, bytes([0x2a,1]), repeat=False)
while True:

    Byte = i2c.read(0x1d, 2) [1]
    print(Byte)

    sleep(100)
```

该代码使用 `i2c.write()` 函数和 `i2c.read()` 函数。相关说明如下。

```
i2c.read(addr, n, repeat=False)
```

（1）`addr`：设备的 7 位 I2C 地址。在这个例子中，加速度计的 I2C 地址为 0x1d。

（2）`n`：读取 n 个字节。

（3）`repeat`：如果为 True，则不会发送停止位。

```
i2c.write(addr, buf, repeat=False)
```

（1）`addr`：设备的 7 位 I2C 地址。在这个例子中，加速度计的 I2C 地址为 0x1d。

（2）`buf`：从缓存写入字节。

（3）`repeat`：如果为 True，则不会发送停止位。

如果仅使用 8 位结果，必须设置 `CTRL_REG1` 中的 `F_READ` 位。

你可以使用 `i2c.write()` 函数将一个字节写入地址 0x2a 的寄存器 `CTRL_REG1`。`repeat` 被设置为 False，以发送停止位。如果 `repeat` 为 True，则不会发送停止位。

```
i2c.write(0x1d, bytes([0x2a,1]), repeat=False)
```

然后你可以在地址 0x1d 处读取寄存器 `OUT_X_MSB` 的值。`i2c.read()` 函数可用于读取设备的前两个字节，但你只需要索引 1 处的字节，其保存

OUT_X_MSB 寄存器的值，如图 4-15 所示。

```
Byte = i2c.read(0x1d, 2) [1]
```

Name	Type	Register Address	Auto-Increment Address			
			FMODE = 0 F_READ = 0	FMODE > 0 F_READ = 0	FMODE = 0 F_READ = 1	F F
STATUS/ F_STATUS(1)(2)	R	0x00	0x01			
OUT_X_MSB(1)(2)	R	0x01	0x02	0x01	0x03	
OUT_X_LSB(1)(2)	R	0x02	0x03		0x0C	
OUT_Y_MSB(1)(2)	R	0x03	0x04		0x05	

图 4-15　OUT_X_MSB 寄存器地址为 0x01

最后，使用 print() 函数打印字节。

```
print(Byte)
```

这段代码的输出如图 4-16 所示。将代码刷入 micro:bit 中之后，单击 Mu 编辑器中的“REPL”按钮，打开并查看 REPL 提示区。

在某些情况下，REPL 提示区仅显示几个值然后就停止了，如果你遇到这种情况，请按下 micro:bit 上的重置按钮重新启动程序。

手动平移和倾斜 micro:bit，查看 *x* 轴上加速度值的变化。你将在第 5 章中学习如何使用内置的加速度计读取数值。

```
1  from microbit import *
2
3  i2c.write(0x1d, bytes([0x2a,1]), repeat=False)
4  while True:
5
6      Byte = i2c.read(0x1d, 2) [1]
```

```
230
230
226
252
11
22
36
30
16
251
237
227
```

图 4-16　通过 I2C 读取加速度计值（x 轴上的值）

SPI（串行外设接口）

SPI（串行外设接口）允许你通过 SPI 总线将设备连接到 micro:bit 上。SPI 使用具有单个主设备的主从架构。SPI 需要三条线路才能在主机和从机之间进行通信，分别如下。

- SCLK：串行时钟（主机输出）
- MOSI：主机输出，从机输入（主机输出）
- MISO：主机输入，从机输出（从机输出）

现在，你可以使用 Adafruit 热电偶放大器 MAX31855 扩展板（如图 4-17 所示）和 micro:bit 来创建一个简单的电路，然后编写一个简单的 MicroPython 程序，通过 SPI 总线读取温度。

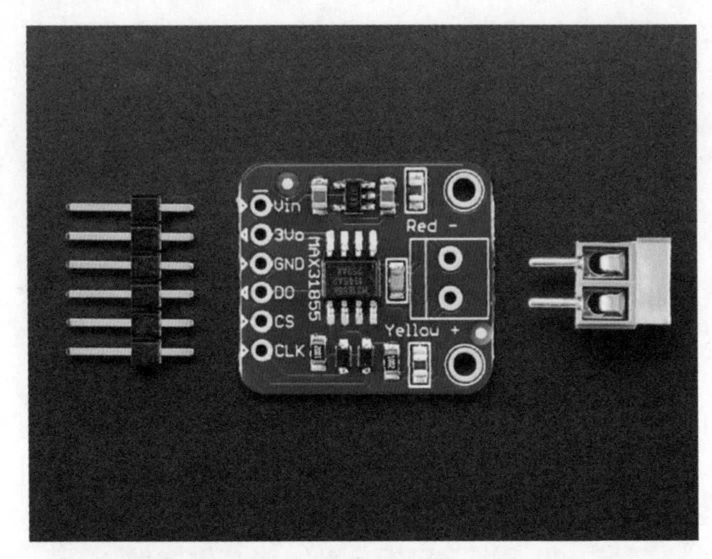

图 4-17　Adafruit 热电偶放大器 MAX31855 扩展板（图片来自 Adafruit Industries）

此外，你需要一个 K 型玻璃纤维绝缘热电偶（如图 4-18 所示）或 K 型玻璃纤维绝缘不锈钢探头热电偶（如图 4-19 所示）连接到 MAX31855 扩展板。

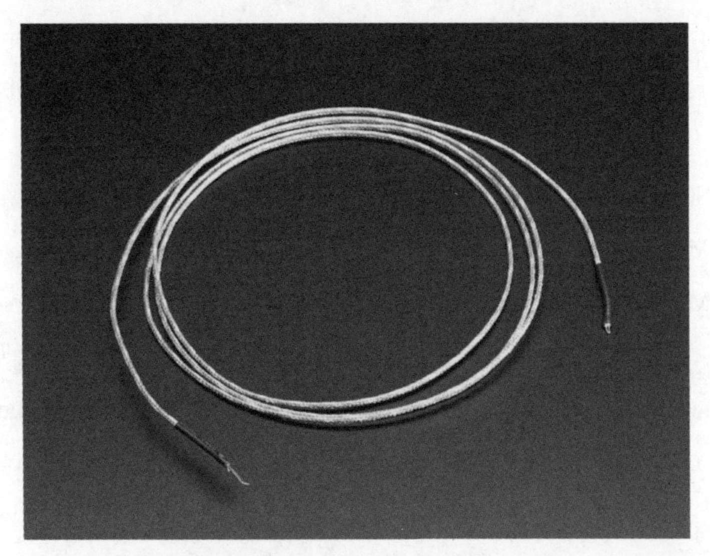

图 4-18　K 型玻璃纤维绝缘热电偶（图片来自 Adafruit Industries）

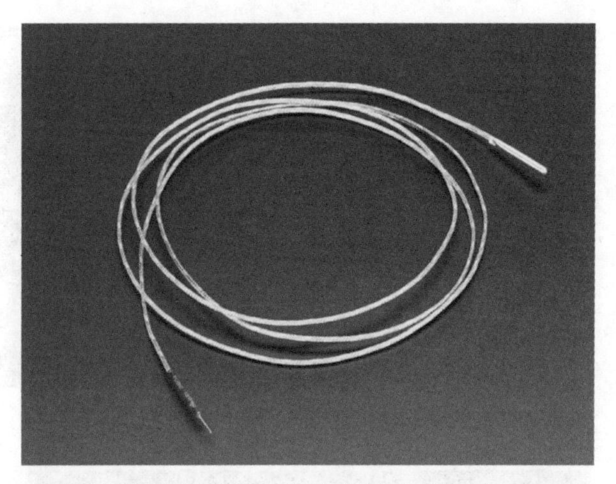

图 4-19　K 型玻璃纤维绝缘不锈钢探头热电偶（图片来自 Adafruit Industries）

将 MAX31855 扩展板与提供的 7 针插头、终端连接器进行组装，然后将 K 型玻璃纤维绝缘热电偶或 K 型玻璃纤维绝缘不锈钢探头热电偶连接到终端连接器，再将热电偶的红线连接到标识为“RED –”的连接器，将热电偶的黄线连接到标识为“YELLOW +”的连接器，如图 4-20 所示。

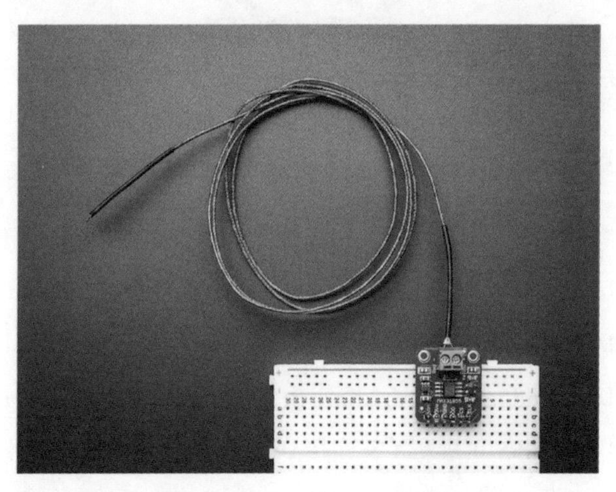

图 4-20　用热电偶组装的 MAX31855 扩展板（图片来自 Adafruit Industries）

图 4-21 是将 Adafruit 热电偶放大器 MAX31855 扩展板和 micro:bit 连接在一起的接线图。你可以使用 micro:bit 边缘连接器扩展板轻松访问 micro:bit 上的 SPI 引脚（SCK 和 MISO），放大图如图 4-22 所示。

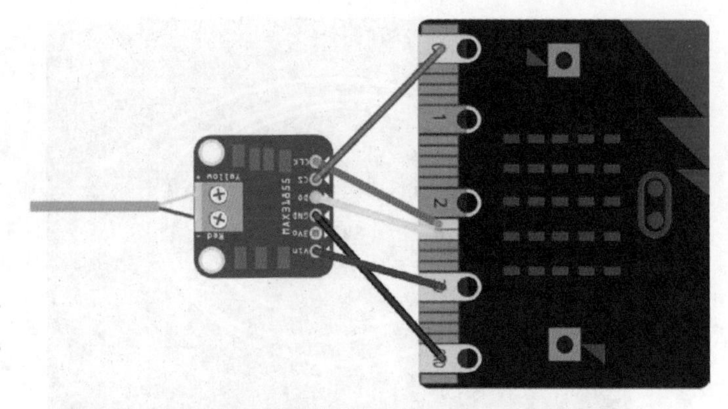

图 4-21 MAX31855 扩展板和 micro:bit 之间的接线图

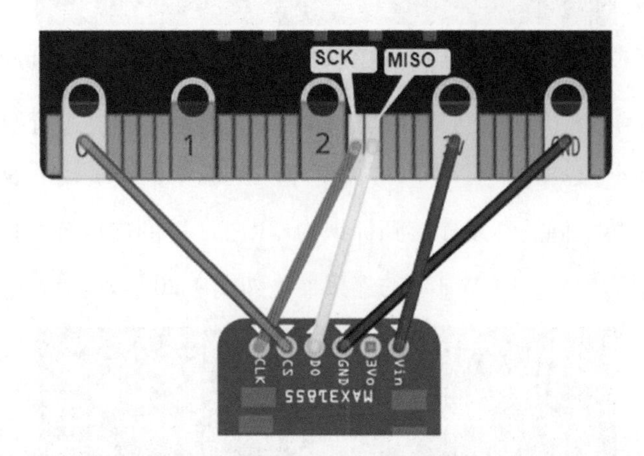

图 4-22 MAX31855 扩展板和 micro:bit 之间的接线图（放大图）

按照以下步骤，轻松使用电线来连接 MAX31855 扩展板和 micro:bit。

（1）将 MAX31855 扩展板 Vin 连接到 micro:bit 的 3V 引脚。

（2）将 MAX31855 扩展板 GND 连接到 micro:bit 的 GND 引脚。

（3）将 MAX31855 扩展板 CLK 连接到 micro:bit 的 SCK（引脚 13）。

（4）将 MAX31855 扩展板 CS 连接到 micro:bit 的引脚 0。

（5）将 MAX31855 扩展板 D0 连接到 micro:bit 的 MISO（引脚 14）。

如清单 4-6 所示，其代码可以通过 SPI 总线读取温度，并将结果以摄氏度为单位打印。

清单 4-6　通过 SPI 总线读取温度

```
from microbit import *

spi.init(baudrate=1000000, bits=8, mode=0, sclk=pin13,
mosi=pin15, miso=pin14)

def temp_c(data):
    temp = data[0] << 8 | data[1]
    if temp & 0x0001:
        return float('NaN') # 数据读取错误
    temp >>= 2
    if temp & 0x2000:
        temp -= 16384 # 符号位设置，取 2 的补码
    return temp * 0.25
while True:
    data = spi.read(4)
    print(temp_c(data))
    sleep(100)
```

spi.init() 函数使用指定引脚上的指定参数初始化 SPI 通信，如下。

- baudrate：1000000（通信速度）
- bits：8（传输的字节数）
- mode：0
- sclk：引脚 13（micro:bit引脚13，SCK）
- mosi：引脚 15（可选，因为你将通过SPI读取数据）
- miso：引脚 14（micro:bit引脚14，MISO）

初始化两个器件之间的 SPI 通信后，spi.read() 函数用于从 MAX31855 传感器中读取数据。MAX31855 传感器具有非常简单的接口，你可以读取 4 个字节的数据(总共 32 位)，以获得当前温度值和其他传感器状态。

```
data = spi.read(4)
```

名为 temp_c() 的辅助函数从 32 位结果中获取温度值。最后，print() 函数将温度打印出来。在调用 temp_c() 函数的间隙中，将添加 100 毫秒的延迟时间，以便有足够的时间从数据寄存器获取温度值。

UART（通用异步收发器）

micro:bit 支持与带有 UART（通用异步收发器）接口的设备进行数据通信。MicroPython 的 uart 模块允许你使用串行接口与连接到 micro:bit 的设备进行通信。

带有 UART 接口的设备具有两个引脚（或引线），用于发送和接收数据。通常，这些引脚被称为 Tx（发送）和 Rx（接收）。

下面通过案例说明如何将 micro:bit 连接到带有 UART 接口的迷你热敏票据打印机上。

要创建该案例的项目，需要以下内容。（注意：相关部件可在国内电商平台上购得。）

- 迷你热敏票据打印机
- 5V 2A（即 2000mA）开关电源
- 母头直流电源适配器，2.1 毫米插孔 / 螺丝端子
- 热敏卷纸，需要 16 英尺长，2.25 英寸宽
- micro:bit
- 一些鳄鱼夹和导线

迷你热敏票据打印机非常适合通过 UART 接口与 micro:bit 连接。图 4-23 是 micro:bit 和打印机之间的接线图。

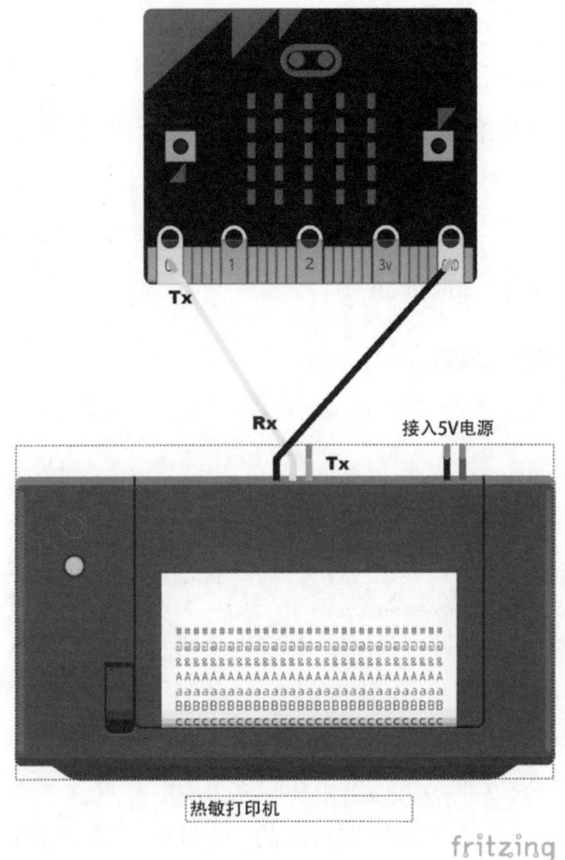

图 4-23　UART 通信的接线图

请按照以下步骤将打印机连接到 micro:bit 上。

（1）在打印机的后面板上有两个 3 针连接器：一个用于连接电源，另一个用于进行串行通信。

（2）首先将导线连接到打印机上。导线有三条：黑色、黄色和绿色。

- 黑色线用于连接 micro:bit 的 GND 引脚。
- 黄色线作为接收线（Rx），接收输入到打印机的数据。
- 绿色线作为发送线（Tx），输出打印机数据。

（3）将导线连接到 micro:bit 上，如图 4-23 所示。

- 将黑色线连接到 micro:bit 的 GND 引脚上。
- 将黄色线连接到 micro:bit 的引脚 0 上。

（4）通过母头直流电源适配器将打印机的电源线与 5V 2A 开关电源连接并接通电源。

如清单 4-7 所示，其代码通过 UART 将文本发送到打印机中并打印。使用 Mu 编辑器将其刷入 micro:bit 中。

清单 4-7　将文本发送到打印机

```
from microbit import *

uart.init(baudrate=19200, bits=8, parity=None, stop=1,tx=pin0)
while True:
    if button_a.was_pressed():
        uart.write('Button A was pressed\x0A\x0A')
    elif button_b.was_pressed():
        uart.write('Button B was pressed\x0A\x0A')
    sleep(100)
```

（5）刷入代码后，只需按下按钮 A 和按钮 B 并松开，即可测试代码。每条消息末尾的 `\x0A` 是使用十六进制代码表示的换行符。

（6）`uart.init()` 函数使用指定的 `tx` 和 `rx` 引脚上的指定参数初始化串行通信。为了能够实现通信，两个设备上的参数必须相同。以下是可以使用的参数列表。

- `baudrate`：通信速度（其值可选择 9600、14400、19200、28800、38400、57600 或 115200）。热敏打印机的默认波特率为 19200bps。

```
uart.init(baudrate=9600, bits=8, parity=None, stop=1,tx=pin0)
```

- `bits`：定义要传输的字节大小

```
uart.init(baudrate=9600, bits=8, parity=None, stop=1,tx=pin0)
```

- `parity`：定义如何检查奇偶校验，它可以是 `None`、`microbit.uart.ODD` 或者 `microbit.uart.EVEN`。

```
uart.init(baudrate=9600, bits=8, parity=None, stop=1,tx=pin0)
```

- `stop`: 该参数表示停止位的数量，对于 micro:bit 而言，该值必须为 1。

```
uart.init(baudrate=9600, bits=8, parity=None, stop=1,tx=pin0)
```

- `tx`：这是用于传输数据的引脚。将此引脚连接到 UART 设备的 Rx 引脚上。在前面的代码中，我们使用 micro:bit 引脚 0 连接打印机的 Rx 引脚。

```
uart.init(baudrate=9600, bits=8, parity=None, stop=1,tx=pin0)
```

- `rx`：这是用于接收数据的引脚。将此引脚连接到 UART 设备的 Tx 引脚上。在前面的代码中，我们只将数据传输到计算机中，而不需要接收数据，故可以忽略 `rx` 参数。
- `uart.write()` 函数用于将字节缓存写入 UART 总线。你可以在此函数中输入任何文本。

```
uart.write('Button A was pressed\x0A\x0A')
```

4.2 总结

在本章中，你首先学习了 micro:bit 边缘连接器中的 25 个 I/O 引脚。然后，你学习了如何创建一些基于数字、模拟、触摸、I2C、SPI 和 UART 等环境下的简单项目，以了解它们如何与 micro:bit 配合使用。

在下一章中，你将深入学习 micro:bit 内置的加速度计和罗盘（磁力计）。

第5章

使用加速度计和罗盘

micro:bit 配有内置的加速度计和罗盘（磁力计），可以创建响应加速度和地球磁场的应用程序。

在本章中，你将学习如何通过内置的加速度计和罗盘读取数据，以及如何使用 MicroPython 创建应用程序。

5.1 加速度计

micro:bit 带有一块 NXP/Freescale MMA8652 芯片，如图 5-1 所示，其是一个可用于测量加速度的三轴加速度计。加速度计在内部连接到 micro:bit 的 I2C 总线。

图 5-1　micro:bit 的加速度计

读取加速度

加速度计可以沿三个轴方向测量加速度或运动，如图 5-2 所示，其中包括水平面中的 x 轴、y 轴，以及垂直平面中的 z 轴。z 轴被测量的加速度和运动是相对于自由落体运动（重力加速度）的，使用 micro:bit 的加速度计，可以得到以 mG（milliG）为单位的加速度值。注意，1000mG 等于 1G。

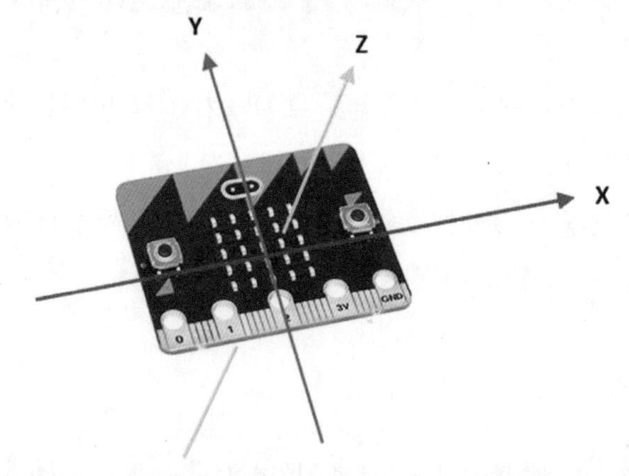

图 5-2 加速度计的三个轴（图片来自 micro:bit 教育基金会）

当你将 micro:bit 放置在地球表面时，它可以测量出地球引力作用下的加速度，$g \approx 9.81 m/s^2$。micro:bit 加速度计可以测量在 +2g 和 -2g 之间的加速度。这个范围可满足广泛的应用需要。

如清单 5-1 所示，其代码用于获取沿三个轴方向移动以 mG 为单位的加速度值。

清单 5-1 读取三个轴方向的加速度

```
from microbit import *
while True:
    x = accelerometer.get_x()
    y = accelerometer.get_y()
    z = accelerometer.get_z()
    print("x, y, z:", x, y, z)
    sleep(500)
```

在 Mu 编辑器中键入这些代码，单击“REPL”按钮，然后单击“刷入”

按钮将代码复制到 micro:bit 上。令 micro:bit 的 LED 点阵显示屏所在面朝上，不要拔下 USB 数据线。

你将会得到如图 5-3 所示的类似的输出。

```
x, y, z: -16 16 1024
x, y, z: 0 16 1008
x, y, z: -16 16 1024
x, y, z: 0 16 1024
x, y, z: -16 16 1024
x, y, z: 0 16 1008
x, y, z: 0 16 1024
x, y, z: -16 16 1024
```

图 5-3　*x*、*y* 和 *z* 方向上的加速度计读数

你可以看到 x 轴和 y 轴方向的加速度值接近于 0 mG，而 z 轴方向的加速度值则接近 1024 mG。如果沿 x 轴缓慢倾斜 micro:bit，可以将 x 轴方向的加速度值改变为接近 0 mG。值为 0 mG 表示 micro:bit 处于水平位置。类似的技术被应用在电子水平仪上，用 x 轴和 y 轴来检测水平面。

使用 `accelerometer.get_values()` 函数也可以获得相同的结果，以整数的三元组形式输出 x、y 和 z 轴的加速度值。

注意：元组是一系列不可变的Python 对象。元组就像列表一样，不过元组的元素一旦被分配就无法更改。元组使用括号来保存对象。你可以在元组中存储不同类型的对象。

```
tuple = ([1,2],(3,4),"micropython", 2017)
```

如清单 5-2 所示，其代码也可以沿三个轴方向读取加速度值。

清单 5-2　沿三个轴方向读取的加速度值，并将之输出为 1 个元组

```
from microbit import *
while True:
    result = accelerometer.get_values()
    print("Values:", result)
    sleep(500)
```

当 micro:bit 保持水平位置，且 LED 点阵显示屏所在面朝上时，上面代码的输出如图 5-4 所示。

```
Values: (112, 80, -1024)
Values: (112, 80, -1040)
Values: (80, 96, -1024)
Values: (-112, 176, -1328)
Values: (-80, 0, -1040)
Values: (48, -16, -1120)
Values: (32, 0, -1008)
Values: (48, 0, -1040)
Values: (64, 0, -1024)
Values: (64, 0, -1088)
Values: (32, 0, -992)
Values: (32, 0, -1024)
Values: (48, -16, -1024)
Values: (48, 0, -1024)
```

图 5-4　沿三个轴方向读取加速度

制作一个水平仪

水平仪、气泡水平仪或简单水平仪是一种仪器，用于确定一个表面是否是沿 x 轴方向水平的。木匠、石匠、瓦工、钳工、测量员、摄影师等人士，都需要在工作中使用不同类型的水平仪。

如清单 5-3 所示，该示例讲解了如何编写简单的代码实现水平仪功能。

清单 5-3　简单水平仪

```
from microbit import *

while True:
    val = accelerometer.get_x()
    if val > 0:
        display.show(Image.ARROW_W)
    elif val < 0:
        display.show(Image.ARROW_E)
    else:
        display.show(Image.YES)
```

上面的代码在检测到 micro:bit 处于水平状态时，点阵显示屏将显示 YES

图案（对号），否则，点阵显示屏将显示左箭头或右箭头，以便你根据提示调整 micro:bit，最终达到水平状态。

计算整体加速度

可以使用毕达哥拉斯定理计算整体加速度，如下面所示。该公式使用沿 x 和 y 轴两个方向的加速度来计算整体加速度。

$$\text{整体加速度} = \sqrt{x^2 + y^2}$$

如果需要，也可以计算沿 x、y 和 z 轴三个方向的整体加速度。

$$\text{整体加速度} = \sqrt{x^2 + y^2 + z^2}$$

如清单 5-4 所示，其代码通过所有三个轴方向的加速度值来计算整体加速度，其值以 mG 为单位。

清单 5-4 使用 x、y 和 z 轴三个方向的加速度值计算整体加速度

```
from microbit import *
import math

while True:
    x = accelerometer.get_x()
    y = accelerometer.get_y()
    z = accelerometer.get_z()
    acceleration = math.sqrt(x**2 + y**2 + z**2)
    print("acceleration", acceleration)
    sleep(500)
```

输出的 micro:bit 的整体加速度如图 5-5 所示。

```
acceleration 2904.518
acceleration 1221.356
acceleration 1164.927
acceleration 1028.241
acceleration 1059.147
acceleration 847.396
acceleration 1010.41
acceleration 955.4558
acceleration 1068.651
acceleration 1022.749
acceleration 1022.749
acceleration 1022.749
```

图 5-5 整体加速度

5.2 姿态检测

micro:bit 的内置加速度计还可以基于 micro:bit 的姿态或运动创建交互式应用程序。micro:bit 可以识别以下姿态。

- 向上
- 向下
- 向左
- 向右
- 面朝上
- 面朝下
- 自由落体
- 振动

如图 5-6 所示，可以通过手持 micro:bit 来做这些姿态。

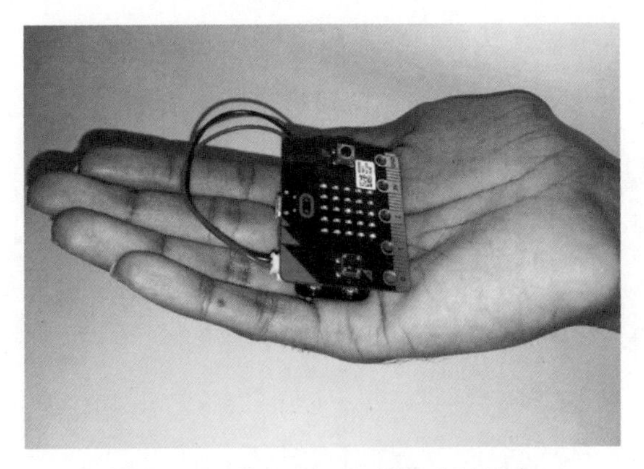

图 5-6　手持 micro:bit 做向上的姿态

除了这些基本姿态，你还可以使用 micro:bit 检测一些与重力相关的高级姿态，包括如下几种。

- 2G
- 4G
- 8G

检测当前的姿态

MicroPython 语言提供了一些有用的函数，可以使用加速度计来检测姿态。

如清单 5-5 所示，这是一个简单的示例，讲解如何使用 MicroPython 语言检测 micro:bit 的姿态。

清单 5-5　检测和打印当前姿态

```
from microbit import *

last_gesture = ""

while True:
    current_gesture = accelerometer.current_gesture()
    sleep(100)
    if current_gesture is not last_gesture:
        last_gesture = current_gesture
        print('>{g:s}<'.format(g=current_gesture))
```

在 Mu 编辑器中输入代码，然后将其刷入 micro:bit 上并使用 REPL 运行。当你手持 micro:bit 做动作时，终端窗口将打印出检测到的姿态名称，如图 5-7 所示。micro:bit 的最后一个姿态可以在列表的末尾找到。

```
>face up<
>face down<
>face up<
>right<
>left<
>up<
>down<
>up<
>shake<
>face up<
><
```

图 5-7 输出显示当前的姿态

accelerometer.current_gesture() 函数以字符串形式返回当前姿态的名称。清单 5-6 列出了可以被 MicroPython 识别的每个姿态的有效名称。做出新的姿态时，accelerometer.current_gesture() 函数会将此值存储在 current_gesture 中。如果 last_gesture 与之不同，就将其更新为新值 current_gesture，并在 REPL 提示区中打印出姿态的名称。

清单 5-6 有效的姿态名称

```
up
down
left
right
face up
face down
freefall
shake
3g
6g
8g
```

如清单 5-7 所示，其代码可以检测到“面朝上”（face up）的姿态。如果它检测到“面朝上”姿态，就会在 LED 点阵显示屏上显示笑脸；否则，它将显示一个生气的图案。

accelerometer.current_gesture() 函数能够返回姿态的名称，然后将返回的姿态名称与“面朝上”字符串进行比较，如果两者相等，则 LED 点阵显示屏会显示笑脸，否则会显示生气的图案。

清单 5-7 检测“面朝上”姿态

```
from microbit import *

while True:
    gesture = accelerometer.current_gesture()
    if gesture =="face up":
        display.show(Image.HAPPY)
    else:
        display.show(Image.ANGRY)
```

对于同样的应用程序，这段代码可以使用 accelerometer.is_gesture(name) 函数重写，如清单 5-8 所示。

清单 5-8 检测“面朝上”姿态

```
from microbit import *

while True:
    if accelerometer.is_gesture("face up"):
        display.show(Image.HAPPY)
    else:
        display.show(Image.ANGRY)
```

如果给定的姿态是当前姿态，则 accelerometer.is_gesture(name) 函数返回 True，否则返回 False。

如果你想在用户完成后获取到姿态，可以使用 accelerometer.was_gesture(name)。获取上一个姿态的示例代码如清单 5-9 所示。

清单 5-9 检测 micro:bit 是否震动过

```
from microbit import *
while True:
    display.show('8')
    if accelerometer.was_gesture('shake'):
        display.clear()
        sleep(1000)
        display.scroll("shaked")
    sleep(10)
```

获取姿态历史

你可以使用 `accelerometer.get_gestures()` 函数获取姿态的历史记录，如清单 5-10 所示。其返回一个姿态历史的元组。最新的姿态列在元组的最后。

清单 5-10 获取姿态历史

```
from microbit import *
gestList = []
while True:

    gestures = accelerometer.get_gestures()

    print(len(gestures))

    if len(gestures) == 1:

        gestList.append(gestures[0])
        sleep(500)

    print("History:"+str(gestList))
```

在 Mu 编辑器中输入上面的代码并将之刷入 micro:bit 中，然后打开 REPL 交互式窗口，手持 micro:bit 做一些姿态，你将获得如图 5-8 所示的输出。

```
History: ['down', 'left', 'freefall', 'freefall', 'freefall', 'freefall']
0
History: ['down', 'left', 'freefall', 'freefall', 'freefall', 'freefall']
0
History: ['down', 'left', 'freefall', 'freefall', 'freefall', 'freefall']
1
l', 'freefall', 'freefall', 'freefall']
0
History: ['down', 'left', 'freefall', 'freefall', 'freefall', 'freefall']
0
History: ['down', 'left', 'freefall', 'freefall', 'freefall', 'freefall']
0
History: ['down', 'left', 'freefall', 'freefall', 'freefall', 'freefall']
0
```

图 5-8　姿态历史

注意：get_gestures() 方法可能存在缺陷，导致无法在程序中获得预期的输出。当使用清单5-10 中的代码启动REPL 提示区时，Mu 编辑器有时可能被冻结或无响应。

罗盘

micro:bit 的内置罗盘基于 NXP/Freescale MAG3110，其是三轴磁力计传感器，可通过 I2C 总线访问。罗盘也可以作为金属探测器。你可以在 micro:bit 的背面看到 NXP/Freescale MAG3110 芯片，如图 5-9 所示。

图 5-9　micro:bit 的罗盘

校准罗盘

在使用罗盘之前，你应该对其进行校准以确保读数正确。每次你在新地方使用罗盘时，校准罗盘也是明智之举。

在某些情况下，当需要校准罗盘时，micro:bit 会自动提示用户进行校准。但是，校准顺序也可以用 `compass.calibrate()` 函数手动启动。

要校准罗盘，请将 micro:bit 向各个方向倾斜一周，直到在 LED 点阵显示屏的外边缘上形成一个圆圈。

校准 micro:bit 罗盘的过程如图 5-10 所示。成功校准罗盘后，micro:bit 将在 LED 点阵显示屏上显示笑脸图案。

图 5-10 校准 micro:bit 罗盘

读取罗盘数值

当你想使用 micro:bit 的罗盘确定方向时，只需要测量 x 轴和 y 轴方向上的磁场强度值即可。如图 5-11 所示，你可以获得三个轴（x、y 和 z）方向的磁场强度值。

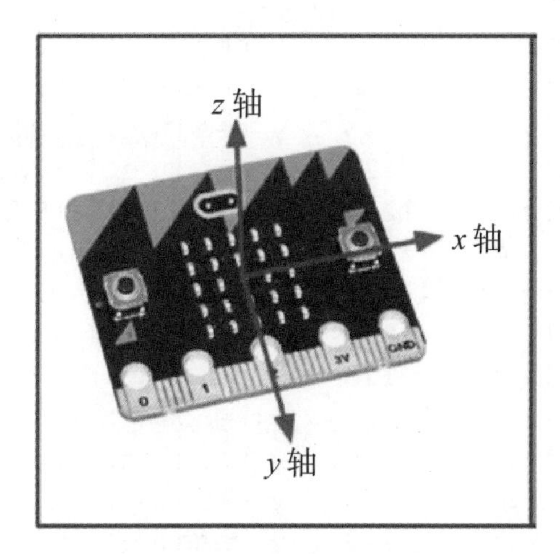

图 5-11 罗盘的三轴方向

如清单 5-11 所示，其代码用于读取 x 轴和 y 轴方向的磁场强度值。compass.get_x() 函数和 compass.get_y() 函数分别返回 x 轴和 y 轴方向的磁场强度值。

清单 5-11 读取 x 轴和 y 轴方向的磁场强度值

```
from microbit import *

compass.calibrate()

while True:
    x = compass.get_x()
    y = compass.get_y()
    print("x reading:", x, ", y reading: ", y)
    sleep(500)
```

该代码在 Mu 编辑器运行时的输出如图 5-12 所示，数值越高，表示磁场越强。

```
x reading:  43728 , y reading:  9873
x reading:  37828 , y reading:  -23127
x reading:  30628 , y reading:  -30627
x reading:  33128 , y reading:  -28127
x reading:  41228 , y reading:  -9727
x reading:  42928 , y reading:  4473
x reading:  43528 , y reading:  4273
x reading:  41528 , y reading:  15473
x reading:  39128 , y reading:  20873
x reading:  39528 , y reading:  21473
x reading:  39528 , y reading:  20673
x reading:  39428 , y reading:  21273
x reading:  39128 , y reading:  21173
x reading:  39228 , y reading:  21273
```

图 5-12 *x* 轴和 *y* 轴方向的磁场

获取罗盘方向

罗盘方向指的是，以正北方向为 0 度，按顺时针方向移动，所获得的偏移度数。罗盘方向的取值范围是从 0 度到 360 度。例如，罗盘方向 45 度表示东北方向。

通过 micro:bit 罗盘的 *x* 轴和 *y* 轴方向上的磁场可用于计算罗盘方向值，需要使用以下的公式。

（1）首先，使用 `math.atan2()` 函数通过 *x* 轴和 *y* 轴方向上的磁场强度值计算反正切，就会得到弧度表示的结果。

```
Arc tangent = math.atan2(y,x)
```

（2）然后将弧度乘以 180/Pi，将弧度转换为度数。

```
Angle in degrees (compass heading) = math.
atan2(y,x) *180/math.pi
```

如清单 5-12 所示，该示例的代码就是通过 *x* 轴和 *y* 轴方向上的磁场强度值来计算罗盘方向。

清单 5-12　通过 x 轴和 y 轴方向上的磁场强度值来计算罗盘方向

```
import math
from microbit import *

compass.calibrate()

while True:
    x = compass.get_x()
    y = compass.get_y()
    angle = math.atan2(y,x) *180/math.pi
    print("x", x, "y", y)
    print("Direction: ", angle)
    sleep(500)
```

以上代码的输出如图 5-13 所示，其包括 x 轴和 y 轴方向上的磁场强度值，以及计算出的以度为单位的罗盘方向。

```
x 6886  y 38607
Direction:  79.88699
x 4086  y 35507
Direction:  83.43552
x 86  y 30507
Direction:  89.83848
x 2786  y 32807
Direction:  85.14603
x 986  y 30307
Direction:  88.1366
x -214  y 30107
Direction:  90.4072
x -314  y 28807
Direction:  90.62449
```

图 5-13　输出 x 轴和 y 轴方向上的磁场强度值、罗盘方向

此外，使用 MicroPython 语言中的 `compass.heading()` 函数也可轻松获取罗盘方向的度数（取值范围为 0 度 ~ 360 度）。

注意：当罗盘需要校准时，`compass.heading()` 函数会返回-1004。

能够轻松获取罗盘方向的度数的代码，如清单 5-13 所示。

清单 5-13　轻松读取罗盘方向的度数

```
from microbit import *

compass.calibrate()

while True:
    heading = compass.heading()
    print("heading:", heading)
    sleep(500)
```

使用 Mu 编辑器运行上面的代码后的输出如图 5-14 所示。

```
heading:  76
heading:  81
heading:  83
heading:  42
heading:  137
heading:  138
heading:  139
heading:  141
heading:  148
```

图 5-14　罗盘方向的度数

你可以修改此代码，使 micro:bit 的 LED 点阵显示屏显示指北针。修改后的示例代码如清单 5-14 所示，用于显示带有 ALL_CLOCKS 图案列表的罗盘方向。

清单 5-14　轻松显示罗盘方向的度数

```
from microbit import *

compass.calibrate()

while True:
    sleep(100)
    needle = ((15 - compass.heading()) // 30) % 12
    display.show(Image.ALL_CLOCKS[needle])
```

此段代码可以在 micro:bit 的 LED 点阵显示屏上显示罗盘方向，如图 5-15 所示，并在我们旋转 micro:bit 时进行更新。

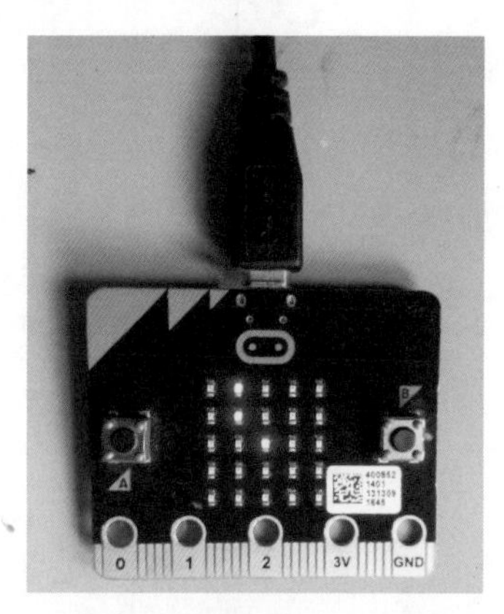

图 5-15　罗盘指向西北方向

5.3　总结

在本章中，你学会了使用 micro:bit 的加速度计和罗盘创建多个应用程序。

MicroPython 语言可与加速度计配合使用，检测 micro:bit 的姿态，这是 MicroPython 语言最有趣的功能之一。

在下一章中，你将学习如何连接扬声器并使用 micro:bit 的音乐库编写应用程序来创作旋律。

第 6 章

使用音乐

在本章中，你将学习如何使用 micro:bit 的音乐库来创建和播放简单的音乐。音乐库让你通过组合音乐音符、八度音阶、节拍（持续时间）、变音记号（降半音和升半音）等来创建音乐。你还可以在应用程序中使用内置的旋律。

默认情况下，`music` 模块里扬声器通过 micro:bit 的引脚 0 进行连接，不过，你可以通过自定义输出引脚的方式来覆盖默认的引脚 0，从而使用任何模拟引脚来连接一个或多个扬声器。

6.1 连接扬声器

你可以使用边缘连接器将扬声器连接到 micro:bit 的引脚 0 上。8 欧姆扬声器非常适合和 micro:bit 一起使用。如图 6-1 所示，这是一款小型 8 欧姆扬声器（可在国内电商平台上购得），可以与 micro:bit 搭配使用。

图 6-1 0.25W 8 欧姆 40mm 薄型扬声器的前后视图（图片来自 Kitronik）

扬声器有两条导线，分别是正极（红色）和负极（黑色）。一些扬声器使用不同的颜色码来表示正负极导线。对于某些扬声器，在使用前必须将导线焊接到焊片上。图 6-2 展示了如何使用边缘连接器扩展板将扬声器连接到 micro:bit 上。扬声器不使用单独的电源线，其从引脚 0 上获得电力。

（1）将扬声器的正极导线连接到 micro:bit 的引脚 0 上。

（2）将扬声器的负极导线连接到 micro:bit 的 GND 引脚上。

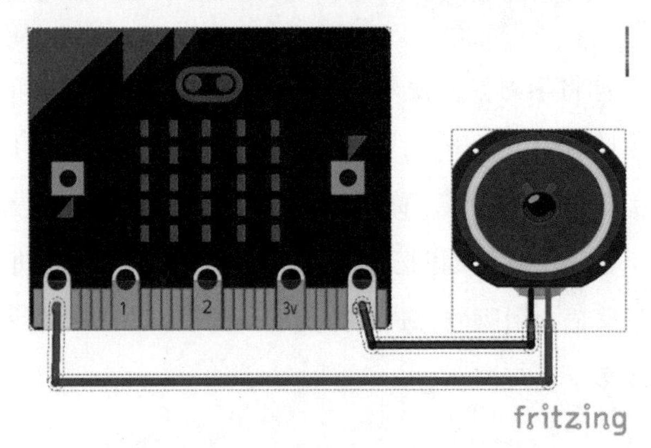

图 6-2　micro:bit 和扬声器之间的接线图

只需简单地使用鳄鱼夹导线就可以完成这些连接，如图 6-3 所示。

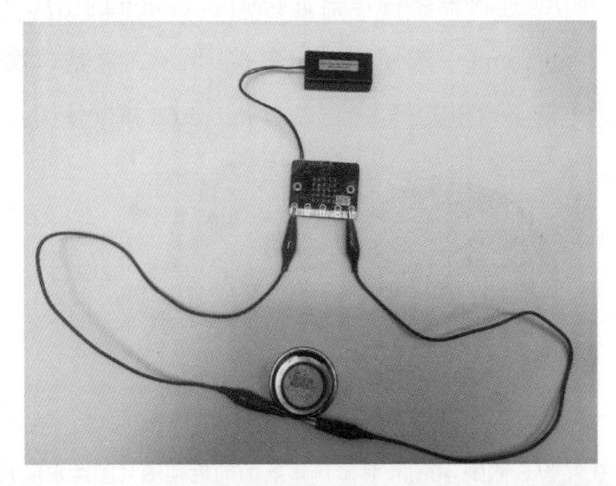

图 6-3　micro:bit 和带有鳄鱼夹导线的扬声器之间的接线图

在连接鳄鱼夹时，请确保夹子和 micro:bit 板面垂直，这样夹子就不会误触到 micro:bit 边缘连接器上的其任何相邻的引脚了，如图 6-4。

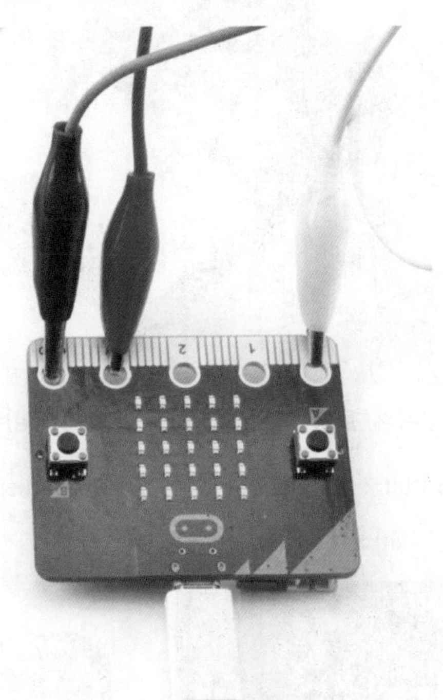

图 6-4　将鳄鱼夹垂直地安装在 micro:bit 板面上（图片来自 Monk Makes）

你还可以选择使用边缘连接器扩展板来进行连接，这样连接会更加整洁，如图 6-5 所示。这时，你还需要以下组件，它们都可以在国内电商平台上购得。

（1）边缘连接器扩展板

（2）面包板

（3）公 / 母跳线

图 6-5　边缘连接器扩展板连接 micro:bit 和扬声器（图片来自 Kitronik）

你无法控制 micro:bit 的音量，但是你可以通过给 micro:bit 添加电位计（音量控制）来控制音量，如图 6-6 所示。

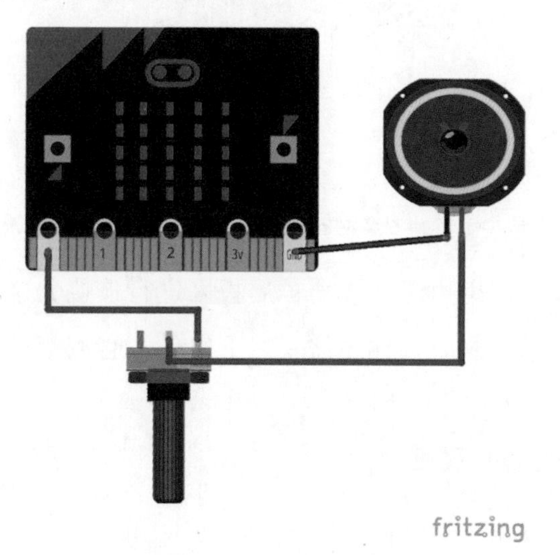

图 6-6　将电位计添加到 micro:bit 上以控制音量

一些供应商提供带有内置放大器的扬声器，以发出更响的音乐，如果你需要，Monk Makes 就有一款带内置放大器的扬声器（也可购买其他同类型产品）给 micro:bit 使用，你可以使用鳄鱼夹将其连接到 micro:bit 上。如图 6-7

所示，它使用三根导线进行连接，并从 micro:bit 的 3V 引脚上获取电力。两块板之间的引脚连接如表 6-1 所示。

表 6-1　Monk Makes 扬声器和 micro:bit 之间的连线

扬声器引脚	micro:bit 引脚
IN	引脚 0
3V	3V
GND	GND

图 6-7 Monk Makes 扬声器（图片来自 Monk Makes）

如果你想通过多个扬声器播放声音，可以将多个扬声器连接到 micro:bit 不同的模拟引脚上，不过你必须在代码中仔细地设置每个扬声器的输出引脚。

使用耳机

如果你没有扬声器，可以使用耳机代替。你可以切断耳机插孔，将导线连接到 micro:bit 的 GND 引脚和引脚 0 上来连接耳机。

也可以不用切断插孔，使用鳄鱼夹将耳机连接到 micro:bit 上，如图 6-8 所示。步骤如下。

（1）取两条鳄鱼夹导线（黑色和红色）。

（2）将黑色鳄鱼夹导线的一端连接到 micro:bit 的 GND 引脚上，另一端连接到耳机插头的底端上。

（3）将红色鳄鱼夹导线的一端连接到 micro:bit 的引脚 0 上，另一端连接到耳机插头的尖端上。

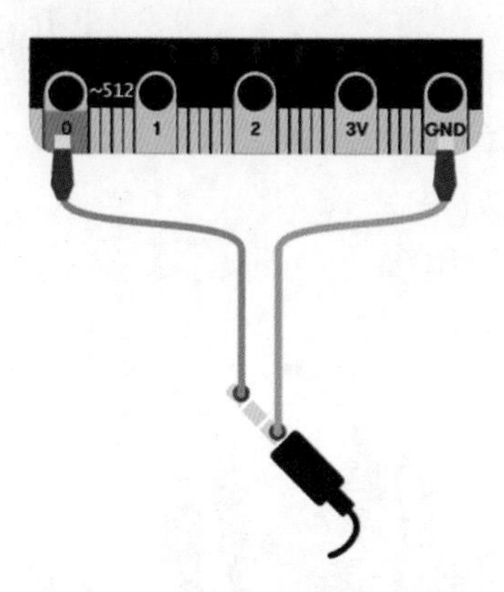

图 6-8 将耳机连接到 micro:bit 上

也可以使用音频线将耳机快速地连接到 micro:bit 上。如图 6-9 所示，其是一款带有 3.5 毫米插孔和两个鳄鱼夹的音频线。你只需将耳机插头插入音频线的 3.5 毫米插孔，然后通过两个鳄鱼夹就能连接到 micro:bit 上。

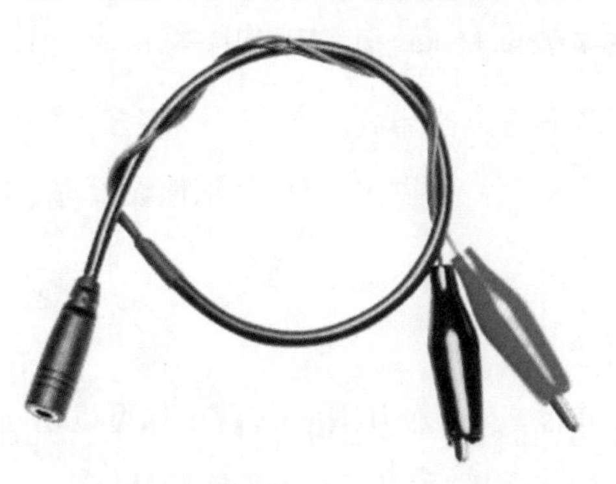

图 6-9 音频线（图片来自 Kitronik）

内置旋律

使用 micro:bit 音乐库的最简单方法是使用其内置的旋律。其提供了一组内置旋律，你可以使用简单的 MicroPython 代码进行播放。

下面列出了一些有趣的内置旋律，可用于播放。

- DADADADUM: 贝多芬 C 小调第五交响曲的开场。
- ENTERTAINER: 斯科特 · 乔普林的拉格泰姆经典《The Entertainer》的开场片段。
- PRELUDE: 巴赫的 48 首 C 大调前奏曲与赋格曲的第 1 首前奏曲的开场。
- ODE: 贝多芬 D 小调第九交响曲《欢乐颂》(Ode to Joy)。
- NYAN: 彩虹猫（Nyan Cat）旋律。作者不详，该曲用于教育目的。
- RINGTONE: 听起来像手机铃声的声音，用于提示收到新消息。
- FUNK: 与秘密特工或犯罪大师主题相关的恐怖低音。
- BLUES: “布基伍基乐曲 12 小节蓝调” 行走贝斯。
- BIRTHDAY: 即《祝你生日快乐》(Happy Birthday to You)。
- WEDDING: 瓦格纳的歌剧《罗恩格林》(Lohengrin) 中的婚礼合唱。
- FUNERAL: 即《葬礼进行曲》，也称肖邦 B 小调奏鸣曲第二章 Op.35。
- PUNCHLINE: 一个有趣的片段，表示一个笑话。
- PYTHON: 约翰 · 菲利普 · 苏萨的《自由钟进行曲》，旋律来自《巨蟒剧团之飞翔的马戏团》(Python 编程语言就是以此命名的)。
- BADDY: 默片时代坏人出场时的音乐。
- CHASE: 默片时代的追逐场景音乐。
- BA_DING: 表示发生了某些事情的短信号。
- WAWAWAWAA: 一个非常悲伤的长号。
- JUMP_UP: 用于游戏，表示向上移动。
- JUMP_DOWN: 用于游戏，表示向下移动。
- POWER_UP: 短曲，表明挑战成功。
- POWER_DOWN: 悲伤的短曲，表明挑战失败。

让我们编写一段简单的 MicroPython 程序来播放旋律 `BIRTHDAY`，完整的 MicorPython 代码如清单 6-1 所示。

清单 6-1　播放旋律

```
from microbit import *
import music

music.play(music.BIRTHDAY)
```

代码的第二行表示导入 MicroPython 的音乐库，然后通过 music.play() 函数播放内置旋律《祝你生日快乐》。你必须提供准确的旋律名称（比如这个示例中的 BIRTHDAY）作为输入。你可以修改代码，输入其他的旋律名称，从而播放其他旋律。

你可以通过添加 loop=True 关键字来持续播放旋律，如清单 6-2 所示。

清单 6-2　持续播放旋律

```
from microbit import *
import music

music.play(music.BIRTHDAY, loop=True)
```

在默认情况下，music 模块希望扬声器通过引脚 0 进行连接。如果你想将扬声器连接到其他引脚（比如引脚 1），如图 6-10 所示，可以用到清单 6-3 的代码。

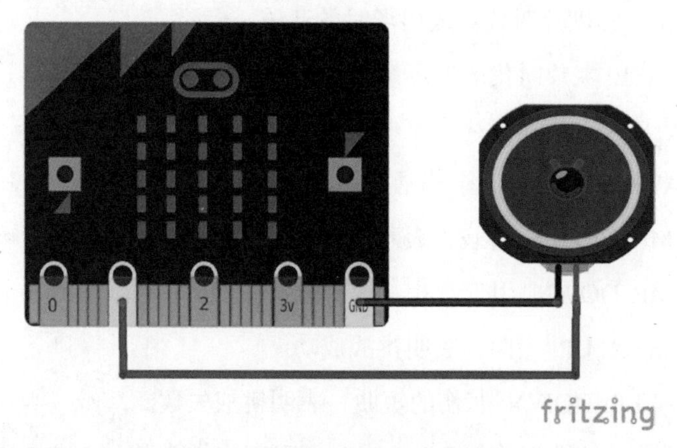

图 6-10　将扬声器连接到引脚 1

清单 6-3　将扬声器连接到引脚 1 上来播放旋律

```
from microbit import *
import music

music.play(music.BIRTHDAY, pin=pin1, loop=True)
```

制作自己的旋律

在音乐中，音符表示声音的音高和时值（即持续时间）。以下是我们在英语音乐中使用的基本音符。

C、D、E、F、G、A、B

在新拉丁语音乐中，音符同样可以表示为如下形式。

Do、Re、Me、Fa、Sol、La、Si

我们使用 MicroPython 语言，可以轻松地播放一个音符或按顺序播放一组音符。

让我们先从播放一个音符开始。如清单 6-4 所示，其代码用于播放音符 C。通过这段代码，你可以按下 micro:bit 上的按钮 A 来播放音符。在使用 micro:bit 运行这段代码之前，你需要将鳄鱼夹连接到引脚 0 上。

清单 6-4　播放单个音符

```
from microbit import *
import music
while True:
    if button_a.is_pressed():
        # 播放音符 C
        music.play( ‘C’ )
```

你还可以按顺序播放许多音符，从而创作旋律。如清单 6-5 所示，这一段代码播放了 5 个基本音符。

清单 6-5 播放多个音符

```
from microbit import *
import music
while True:
    if button_a.is_pressed():
        # 播放音符 C
        music.play('C')
        # 播放音符 D
        music.play('D')
        # 播放音符 E
        music.play('E')
        # 播放音符 F
        music.play('F')
        # 播放音符 G
        music.play('G')
        # 播放音符 A
        music.play('A')
        # 播放音符 B
        music.play('B')
```

上面的代码也能仅用几行代码来代替，可以产生相同的输出，如清单 6-6 所示。

清单 6-6 播放多个音符

```
from microbit import *

import music
tune = ["C", "D", "E", "F", "G"]
music.play(tune)
```

在旋律中，你可以使用音符名称 R 作为休止符。例如，我们可以在音符 E 和音符 F 之间增加休止符，如清单 6-7 所示。

清单 6-7 增加休止符

```
from microbit import *

import music
tune = ["C", "D", "E", "R", "F", "G"]
music.play(tune)
```

使用八度音阶

在音乐中，一个八度音阶或完全八度音阶是一个音高与另一个音高之间的间隔，其频率低一半或者高一倍。如图 6-11 所示，其是一个带有四个八度音阶的键盘，从八度音阶 2 到八度音阶 5。

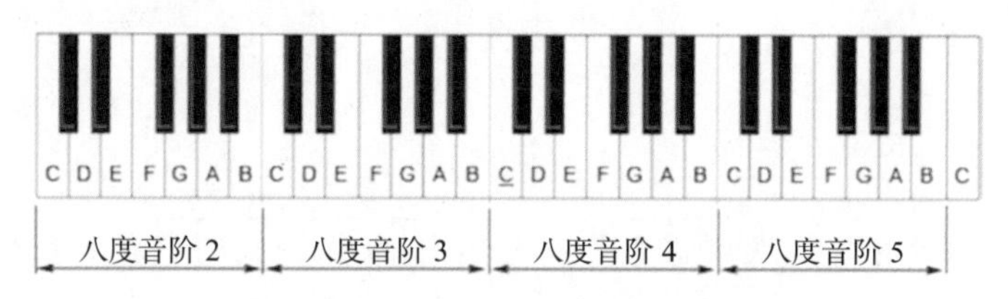

图 6-11　带有四个八度音阶的键盘

每个八度音阶都有七个音符，每个音符都可以表示为字母加上八度音阶数字的形式，例如，属于八度音阶 3 的音符 C 可以写为“C3”。

如清单 6-8 所示，其代码用于播放八度音阶 3 中的音符 C。

清单 6-8　按照八度音阶形式播放音符

```
from microbit import *
import music

while True:
    if button_a.is_pressed():
        # 播放音符 C3
        music.play( ‘C3’ )
```

在默认情况下，micro:bit 会播放八度音阶 4 中的音符，除非你在音符后面进行明确的定义。换句话说,后面没有任何数字的音符“C”完全等同于“C4”。

除了八度音阶之外，变音记号（降半音、升半音）也可以用音符表示。降半音写为“b”（小写字母），升半音写为“ # ”。如清单 6-9 所示，其代码用于播放降 A 和升 C。

清单 6-9　使用变音记号播放音符

```
from microbit import *
import music

while True:
    if button_a.is_pressed():
        # 播放降A
        music.play('Ab')
        # 播放升C
        music.play('C#')
```

注意：一个八度音阶的默认状态是4。例如，如果你在代码中写下音符“C”，它就代表“C4”。

节拍

在音乐中，节拍是时间的基本单位。你可以按照如下格式给一个音符指定节拍。

NOTE[*octave*][:*duration*]

其中 NOTE 表示音符；octave 表示八度音阶；duration 表示时值，用于设定函数所定义的任意时间长度（请参阅下一小节“设置节奏”）。

例如，如果你想按照三拍的节奏播放八度音阶 4 中的音符 C，可以编写代码如清单 6-10 所示。

清单 6-10　按照节拍播放音符

```
from microbit import *
import music

while True:
    if button_a.is_pressed():
        # 播放音符C4:3
        music.play('C4:3')
```

默认情况下，除非你明确定义节拍数，否则 micro:bit 会按照四拍的节奏播放音符。

设置节奏

music.set_tempo() 函数用于设定音乐的节奏快慢。使用此函数，你可以设置构成节拍的滴答音数。每个节拍以每分钟特定的频率播放，表示为我们更熟悉的“bpm”（beats per minute，即每分钟节拍数）。让我们看一下使用不同参数设置节奏的示例。

如果你要改变节拍的定义，请使用 music.set_tempo() 函数输入滴答音数，见清单 6-11 所示。

清单 6-11　定义滴答音数

```
from microbit import *
import music

music.set_tempo(ticks=8) # 设置滴答音数为 8
music.play('C4:3')
```

如果要更改节奏，请设置每分钟的节拍数，如清单 6-12 所示。

清单 6-12　定义每分钟的节拍数

```
from microbit import *
import music

music.set_tempo(bpm=180) # 设置每分钟的节拍数为 180
music.play('C4:3')
```

你可以使用不带任何参数的 music.set_tempo() 函数将速度重置为 ticks = 4 和 bpm = 120 的默认值，如清单 6-13 所示。

清单 6-13　将速度设置为默认值

```
from microbit import *
import music

music.set_tempo() # 设置一个节拍的滴答音数为 4，每分钟的节拍数为 120
music.play('C4:3')
```

获取节奏

music.get_tempo() 函数将当前节奏作为整数元组返回。如清单 6-14 所示，其代码用于显示当前节奏。

清单 6-14 获取当前的节奏

```
from microbit import *
import music

music.set_tempo(bpm=180, ticks=8) # 设置一个节拍的滴答音数为 8，每分钟的节拍数为 180
tempo = music.get_tempo()
print("Current Tempo: ", tempo)
```

首先，使用 music.set_tempo() 函数设置节奏为：bpm=180 和 ticks=8。然后，用 music.get_tempo() 函数显示当前节奏。此代码的输出如图 6-12 所示。

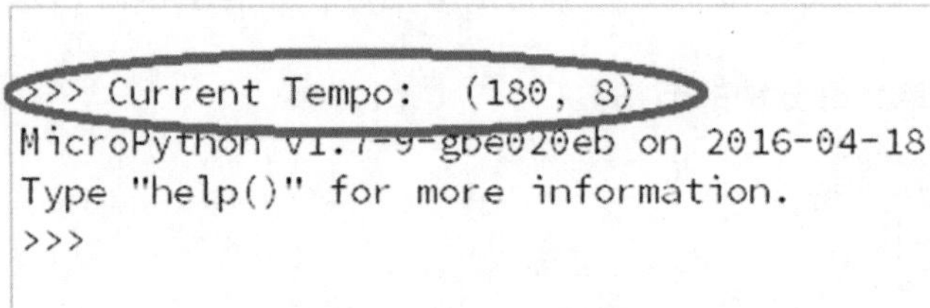

```
>>> Current Tempo:  (180, 8)
MicroPython v1.7-9-gbe020eb on 2016-04-18
Type "help()" for more information.
>>>
```

图 6-12 显示当前的节奏

上面的输出显示当前的节奏为 180，节拍数为 8。此功能可用于确认你在旋律中使用着正确的节奏。

重置属性

任何时候你都可以使用 music.reset() 函数将以下音乐的属性重置为默认值。默认值如下。

- ticks = 4
- bpm = 120

- duration = 4
- octave = 4

播放音高

在音乐中，音符的音高表示音符的高低。

音符的音高可以用赫兹（Hz）为单位来测量。在 MicroPython 语言中，你可以使用 `music.pitch()` 函数设置音符的频率，该函数与你之前使用的 `music.play()` 函数非常相似。对于 `music.pitch()` 函数来说，最重要的输入就是频率和时值。

如清单 6-15 所示，其代码的含义是：以 440Hz 的频率播放音乐 1 秒钟。时值在代码中显示为时间长度，以毫秒为单位。

清单 6-15　使用指定的频率和时值播放音乐

```
from microbit import *
import music

music.pitch(440, 1000)
```

如果你想以同一音高连续播放音乐，直到阻塞请求中断或者后台请求设置新的频率（或调用停止），可以使用负数的时值（例如 -1）。如清单 6-16 所示，其代码的含义是：以频率 440Hz 的音高连续播放音乐。

清单 6-16　连续播放

```
from microbit import *
import music

music.pitch(440, -1)
```

6.2 总结

在本章中，你首先学习了多种把扬声器连接到 micro:bit 上的方式，然后学习了如何使用 micro:bit 的内置旋律编写音乐，最后学习如何使用 micro:bit 音乐库制作新的旋律。

在下一章中，你将学习如何使用 micro:bit 的语音 API 将文本转换为带有标点符号、音色和音素的语音。

第 7 章

使用语音

在上一章中，你学习了如何利用 micro:bit 的音频功能和音乐库生成音乐。除此之外，micro:bit 还提供了一个语音库用于将文本转换为语音，其通过微调各种参数，能够产生类似于人声的声音。

7.1 连接扬声器

你可以使用我们在第 6 章“使用音乐”中学习到的接线方法将扬声器连接到 micro:bit 上。当然，你也可以不使用第 6 章的办法（将扬声器的引脚分别连接到 micro:bit 的引脚 0 和 GND 引脚上），可以使用 micro:bit 的引脚 0 和引脚 1 来连接扬声器，如图 7-1 所示。

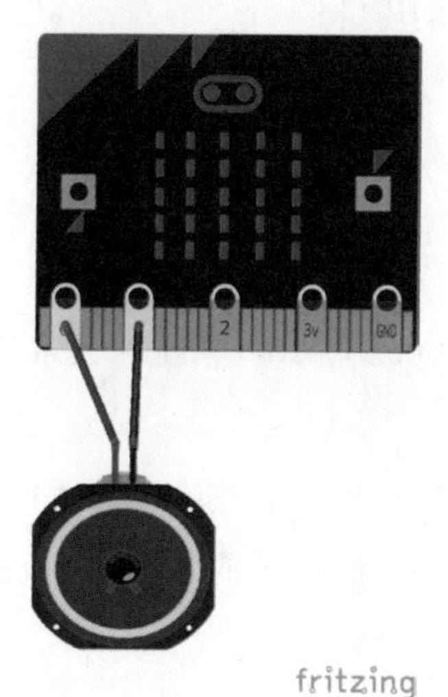

图 7-1 使用 micro:bit 的引脚 0 和引脚 1 连接扬声器

语音库提供了处理语音相关项目所需的所有功能。你可以通过将 `import speech` 语句添加到程序开头的方式来导入语音库。

让我们先从简单代码开始吧，将文本“Hello, World”转换为语音，如清单 7-1。你可以从扬声器中听到输出结果。

清单 7-1　将文本转换为语音

```
from microbit import *
import speech

speech.say("Hello, World")
```

`speech.say()` 函数可以将英文文本转换为语音，并通过扬声器播放。使用 micro:bit 运行此代码时，你可以听到这种类似于机器人的声音，这种声音在英语中是半精确的。声音的质量虽然不佳，但这个功能非常实用。另外 `speech.say()` 函数提供了一些参数，可以对输出的语音进行调整。

音色

声音的特征或质量被称为音色。通过调整语音合成器生成默认语音的一些参数，你可以更改语音的质量。

pitch（音高）

pitch 定义声音的高低，其取值在 0（高）到 255（低）之间。你可以通过听下面歌手的声音来感觉一下不同的音高。

最高音高：Adam Lopez Costa（可上网搜索相关歌手的视频和音频试听）

最低音高：Barry White（可上网搜索相关歌手的视频和音频试听）

默认的音高值是 64。不同音高值的分级列表如清单 7-2 所示。

清单 7-2　不同的音高值的分级

```
0-20 高不可攀
20-30 非常高
30-40 高
40-50 正常高
50-70 正常
70-80 正常低
80-90 低
90-255 非常低
```

如清单 7-3 所示，其代码可以生成不同音高级别的声音。这段代码按照每个音高级别中的平均值生成声音。

清单 7-3　不同音高级别的声音

```
from microbit import *
import speech

speech.say("Hello, World")# 默认音高值为 64
sleep(1000)
speech.say("Hello, World", pitch=10)# 高不可攀
sleep(1000)

speech.say("Hello, World", pitch=25)# 非常高
sleep(1000)

speech.say("Hello, World", pitch=35)# 高
sleep(1000)

speech.say("Hello, World", pitch=45)# 正常高
sleep(1000)

speech.say("Hello, World", pitch=60)# 正常
sleep(1000)

speech.say("Hello, World", pitch=75)# 正常低
sleep(1000)

speech.say("Hello, World", pitch=85)# 低
sleep(1000)

speech.say("Hello, World", pitch=170)# 非常低
```

speed（语速）

speed 定义设备说话的速度。其取值同样在 0（快到难以置信）到 255（慢似在讲睡前故事）之间。默认语速值为 72。

不同语速值的分级列表如清单 7-4 所示。

清单 7-4 语速的类别和值列表

```
0-20 快到极致
20-40 非常快
40-60 快
60-70 快速会话
70-75 正常会话
75-90 叙述
90-100 慢
100-225 非常慢
```

使用不同级别的语速说出文本“Hello,World”的代码，如清单 7-5 所示。

清单 7-5 使用不同级别的速度说话

```
from microbit import *
import speech

speech.say("Hello, World")# 默认语速值为 72
sleep(1000)
speech.say("Hello, World", speed=10) # 快到极致
sleep(1000)
speech.say("Hello, World", speed=30) # 非常快
sleep(1000)
speech.say("Hello, World", speed=50) # 快
sleep(1000)
speech.say("Hello, World", speed=65) # 快速会话
sleep(1000)
speech.say("Hello, World", speed=73) # 正常会话
sleep(1000)
speech.say("Hello, World", speed=83) # 叙述
sleep(1000)
speech.say("Hello, World", speed=95) # 慢
sleep(1000)
speech.say("Hello, World", speed=175) # 非常慢
sleep(1000)
```

mouth（口齿）

mouth 定义了发音的清晰程度,取值同样在 0 到 255 之间。当其值为 0 时，表示嘴巴紧闭；当其值为 255 时，表示像 Foghorn Leghorn 一样发音清晰。

- 嘴巴紧闭：最极端的例子是腹语术表演者。他（或她）能够发出与自己语音迥异的声音，以至于该声音听起来仿佛来自别处。
- 清晰的发音：一个很好的例子是 Foghorn Leghorn。其是华纳兄弟娱乐公司的卡通片《Looney Tunes 和 Merrie Melodies》里的一个卡通人物（可上网搜索其相关视频并试听其声音）。

带有 mouth 参数的示例代码如清单 7-6 所示。

清单 7-6　控制 mouth 参数

```
from microbit import *
import speech

speech.say( "Hello, World" , mouth=200)
```

throat（喉咙）

throat 定义声调的松弛或紧张程度，取值同样在 0 到 255 之间。当其值为 0 时，表示紧张至极；当其值为 255 时，表示完全放松。

带有 throat 参数的示例代码如清单 7-7 所示。

清单 7-7　控制 throat 参数

```
from microbit import *
import speech

speech.say( "Hello, World" , throat=100)
```

示例：创建机器人语音

语音合成器产生的默认语音可以通过上述参数（pitch、speed、mouth、throat）进行调整，从而生成机器人的声音。

用于生成类似于机器人语音的示例代码如清单 7-8 所示。speech.say() 函数可以根据所有给定的参数，产生给定文本的语音。

清单 7-8 机器人的声音

```
from microbit import *
import speech

speech.say("I am a baker bot", speed=120, pitch=100,throat=100,
mouth=200)
```

标点符号

使用标点符号会让语音更加地逼真。你可以使用语音库里如下四种类型的标点符号来改变语音的输出。

- 连字符：在语音中创建一个短暂的停顿。

```
speech.say("I am a baker bot - crazy cooking", speed=120, pitch=100,
throat=100, mouth=200)
```

- 逗号：添加约为连字符的两倍时长的停顿。

```
speech.say("I am a baker bot, crazy cooking", speed=120, pitch=100,
throat=100, mouth=200)
```

- 句号：创建暂停并使音高下降。

```
speech.say("I am a baker bot - crazy cooking.", speed=120,
pitch=100, throat=100, mouth=200)
```

- 问号：创建暂停并使音高上升。

```
speech.say("I am a baker bot. Who are you?", speed=120, pitch=100,
throat=100, mouth=200)
```

音素

音素用于标出英语单词的正确读音。它们是语言的基石。speech.pronounce() 函数可以将任何音素转换成正确的英语语音。

例如，Hello 这个词可以按照音素写为“/HEHLOW”。如清单 7-9 所示，其代码使用音素生成语音。

清单 7-9 音素

```
from microbit import *
import speech

speech.pronounce( “/HEHLOW” ) # “Hello”
```

你可以使用 speech.translate() 函数将任何英文文本转换为音素的字符串，如清单 7-10 所示，然后就可以调整音素以生成更自然的语音。

清单 7-10 将文本转换为音素

```
from microbit import *
import speech

print(speech.translate( “Hello” ))
```

语音合成器所能理解的音素如下表所示。

```
SIMPLE VOWELS                          VOICED CONSONANTS
IY           f(ee)t                    R          (r)ed
IH           p(i)n                     L          a(ll)ow
EH           b(e)g                     W          a(w)ay
AE           S(a)m                     W          (wh)ale
AA           p(o)t                     Y          (y)ou
AH           b(u)dget                  M          (S)am
AO           t(al)k                    N          ma(n)
OH           c(o)ne                    NX         so(ng)
UH           b(oo)k                    B          (b)ad
UX           l(oo)t                    D          (d)og
ER           b(ir)d                    G          a(g)ain
AX           gall(o)n                  J          (j)u(dg)e
IX           dig(i)t                   Z          (z)oo
                                       ZH         plea(s)ure
DIPHTHONGS                             V          se(v)en
EY           m(a)de                    DH         (th)en
AY           h(igh)
OY           b(oy)
AW           h(ow)                     UNVOICED CONSONANTS
OW           sl(ow)                    S           (S)am
UW           cr(ew)                    SH          fi(sh)
                                       F           (f)ish
                                       TH          (th)in
SPECIAL PHONEMES                       P           (p)oke
UL           sett(le) (=AXL)           T           (t)alk
UM           astron(om)y (=AXM)        K           (c)ake
UN           functi(on) (=AXN)         CH          spee(ch)
Q            kitt-en (glottal stop)    /H          a(h)ead
```

非标准符号列表如下所示。

```
YX          diphthong ending (weaker version of Y)
WX          diphthong ending (weaker version of W)
RX          R after a vowel (smooth version of R)
LX          L after a vowel (smooth version of L)
/X          H before a non-front vowel or consonant - as in (wh)o
DX          T as in pi(t)y (weaker version of T)
```

一些很少使用的音素组合的列表如下所示。

```
PHONEME          YOU PROBABLY WANT:      UNLESS IT SPLITS SYLLABLES LIKE:
COMBINATION
GS               GZ e.g. ba(gs)          bu(gs)pray
BS               BZ e.g. slo(bz)         o(bsc)ene
DS               DZ e.g. su(ds)          Hu(ds)son
PZ               PS e.g. sla(ps)         -----
TZ               TS e.g. cur(ts)y        -----
KZ               KS e.g. fi(x)           -----
NG               NXG e.g. singing        i(ng)rate
NK               NXK e.g. bank           Su(nk)ist
```

使用 lmtool

lmtool 提供了一种将英文文本转换为音素的简便方法。根据以下步骤，可以使用 lmtool 将文本文件转换为发音词典文件。

（1）首先，使用文本编辑器创建包含英语语句（或大量英语语句）的文本文件，如图 7-2 所示。你的文件中要包含至少两个英语单词，否则编译会失败。然后，将文件保存在你的计算机上。

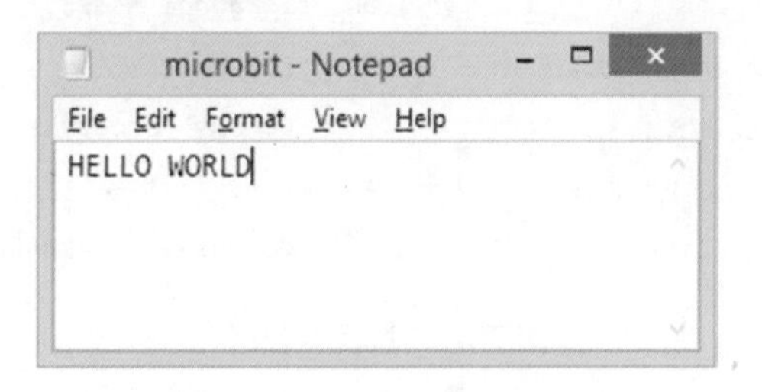

图 7-2　带有英语语句的文本文件

（2）单击“Choose File”按钮浏览并找到保存的文件，接着单击“COMPILE KNOWLEDGE BASE”按钮，如图 7-3 所示。“Choose File”意为“选择文件”；“COMPLIE KNOWLEDGE BASE”意为“编译知识库”。

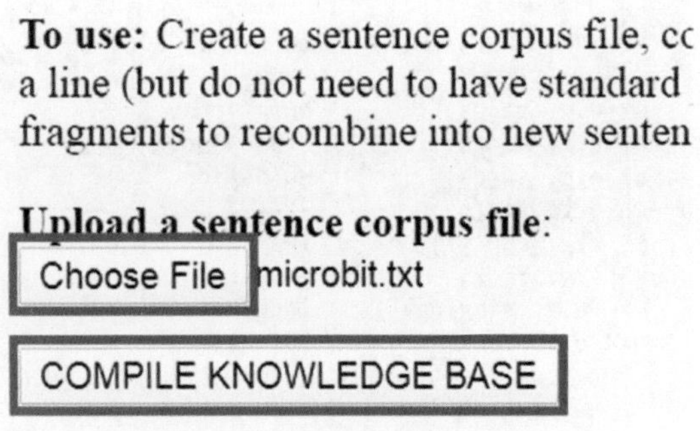

To use: Create a sentence corpus file, cc
a line (but do not need to have standard
fragments to recombine into new senten

Upload a sentence corpus file:
Choose File microbit.txt
COMPILE KNOWLEDGE BASE

图 7-3 上传和编译文本文件

（3）在结果页面上，单击带有“.dic”扩展名的文件，如图 7-4 所示，这就是发音词典文件。

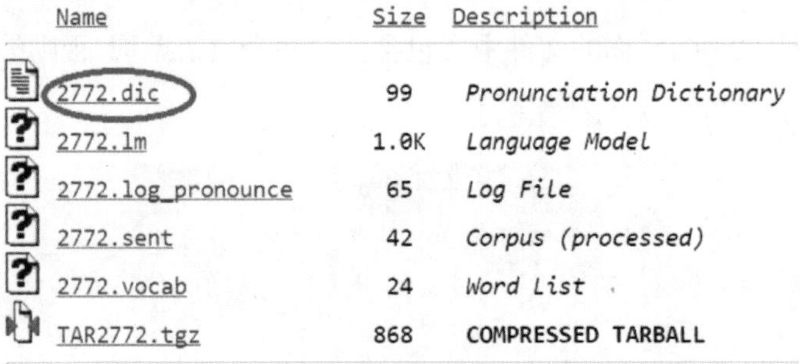

Name	Size	Description
2772.dic	99	Pronunciation Dictionary
2772.lm	1.0K	Language Model
2772.log_pronounce	65	Log File
2772.sent	42	Corpus (processed)
2772.vocab	24	Word List
TAR2772.tgz	868	COMPRESSED TARBALL

图 7-4 发音词典文件

（4）该文件包含句子中每个单词的音素，如图 7-5 所示。如你所见，该工具为“Hello”一词提供了两个音素。你可以根据情况，为你的 micro:bit 应用程序选择最合适的音素。

```
HELLO   HH AH L OW
HELLO(2)        HH EH L OW
WORLD   W ER L D
```

图 7-5 每个单词的音素

重音符号

重音符号可用于创建更具有表现力的语调，其取值范围是 1 ~ 8。你可以在元音后插入相应的数字以产生重音。例如，在“/HEHLOW”的元音“EH”后插入重音符号 3，变成“/HEH3LOW”，可以弥补原来的语音表达的不足。重音符号的说明如清单 7-11 所示。

清单 7-11　重音符号的说明

```
1：非常情绪化的重音
2：非常有力度的重音
3：相当强烈的重音
4：普通重音
5：绷紧的重音
6：中性（无音高变化）重音
7：音调降低的重音
8：音调极度降低的重音
```

通过插入重音符号，可以使单词“Hello”的语音获得很大的改善，其代码如清单 7-12 所示。

清单 7-12　加入重音符号

```
from microbit import *
import speech

speech.pronounce( “/HEH3LOW” ) # “Hello”
```

用音素唱歌

speech.sing() 函数用于唱出音素。如清单 7-13 所示，这是歌曲《祝你生日快乐》的歌词。

清单 7-13　《祝你生日快乐》的歌词

```
Happy Birthday to You
Happy Birthday to You
Happy Birthday Dear Micro Bit
Happy Birthday to You
```

首先你需要将文本转换为音素，如清单 7-14 所示。你可以使用 `speech.translate()` 函数或 lmtool 将文本转换为音素。

清单 7-14 生日快乐歌的音素

```
HH AE P IY B ER TH D EY T UW Y UW
HH AE P IY B ER TH D EY T UW Y UW
HH AE P IY B ER TH D EY D IH R M AY K R OW B IH T
HH AE P IY B ER TH D EY T UW Y UW
```

使用音素唱《祝你生日快乐》的代码如清单 7-15 所示。

清单 7-15 用音素唱歌

```
from microbit import *
import speech

speech.sing("#115 /H AE P IY B ER TH D EY T UW Y UW", speed=100)
speech.sing("#115 /H AE P IY B ER TH D EY T UW Y UW", speed=100)
speech.sing("#115 /H AE P IY B ER TH D EY D IH R M AY K R OW B IH T",
speed=100)
speech.sing("#115 /H AE P IY B ER TH D EY T UW Y UW", speed=100)
```

你可以通过更改 speed 参数的值来控制乐曲的速度。音高号 115 与井号（# 115）一起用作注释，用来表示句子或者歌曲的开头。你还可以添加其他的参数如 pitch、mouth、throat 以调整语音的音色（质量）。

7.2 总结

在本章中，你学习了如何使用 micro:bit 语音库生成语音和歌曲。你还学习了如何通过改变声音的特征来模仿不同的声音。

下一章将介绍如何使用 micro:bit 的内部存储器来存储和操作文件。

第 8 章

存储和操作文件

micro:bit 提供了持久化的文件系统，允许你将文件存储在闪存中。为文件系统保留的存储空间约为 30KB。因为 micro:bit 使用的是平面文件系统，所以你无法创建层次结构，不能在存储根目录下创建文件夹。除非将存储的文件删除或重新刷入新代码到设备中，否则存储的文件将会保持不变。

在本章中，你将学习如何在 micro:bit 上存储文件，以及如何使用某些操作系统的函数对其进行操作。此外，你还将了解 MicroFS 程序，其可用于处理 micro:bit 中的文件以及在 micro:bit 和计算机之间传输文件。

8.1　创建文件

你可以在 micro:bit 的闪存中创建带有任意扩展名的文件。open() 函数允许你按照指定的名字（使用 w 参数进行写入）创建文件。如果文件已经存在，该函数就会覆盖文件的内容。write() 函数用于将一行文本写入文件。

使用 Mu 编辑器将清单 8-1 中的示例代码刷入 micro:bit 中。刷入完成后单击“文件”按钮，Mu 编辑器将在“在 micro:bit 上的文件”窗口下显示 micro:bit 中的所有文件，如图 8-1 所示。你可以看到 micro:bit 上已经有了一个名为 foo.txt 的文件，并且其中包含了清单 8-1 中代码所写入的内容（即单行文本）。

清单 8-1　创建文件

```
with open('foo.txt','w') as myFile:
    myFile.write("This is the first line")
```

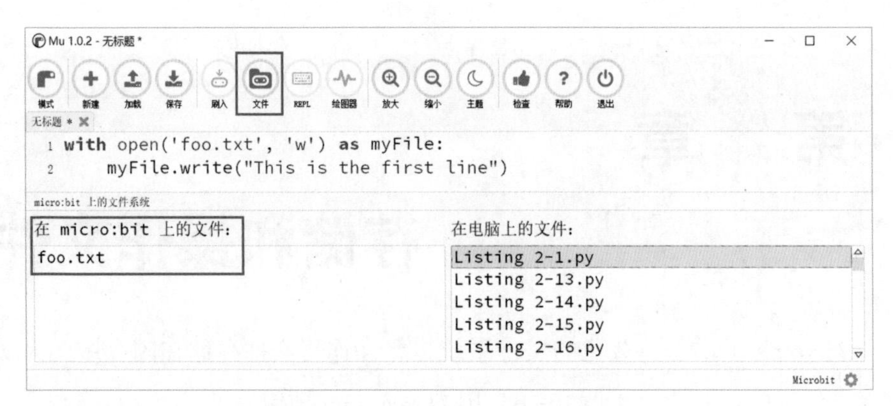

图 8-1 “在 micro:bit 上的文件”窗口

8.2 读取文件

你还可以使用 open() 函数读取文件。你必须提供带有扩展名的文件名和可选的参数 r，来打开文件以文本模式进行读取。

你可以读取文件 foo.txt 的内容，步骤如下所示。

（1）再次点击“文件”按钮，关闭文件窗口。

（2）单击“REPL”按钮，打开 REPL 提示区（交互式 shell）。

（3）在 REPL 提示区中运行清单 8-2 中的代码。在每一行后按回车键。

注意：不要将清单8-2 中的代码刷入micro:bit 中。如果将新代码刷入micro:bit 中，将破坏micro:bit 中存储的所有文件。

清单 8-2 读取文件

```
with open('foo.txt') as myFile:
    print(myFile.read())
```

（4）当你输入最后一行，按下回车键后，文件的内容会作为输出显示出来，如图 8-2 所示。

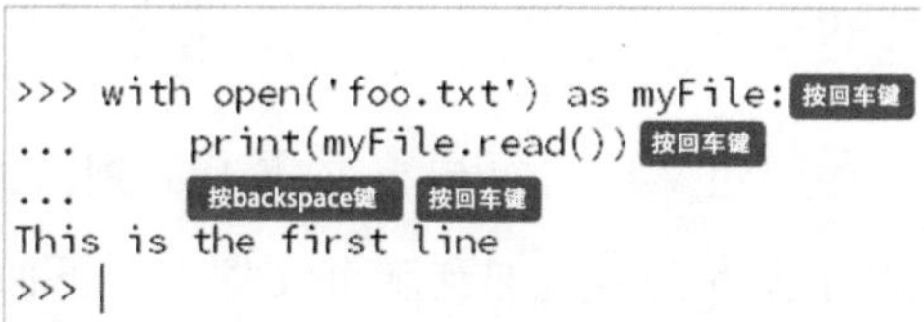

```
>>> with open('foo.txt') as myFile: 按回车键
...     print(myFile.read()) 按回车键
... 按backspace键 按回车键
This is the first line
>>> |
```

图 8-2　读取文件的内容

8.3　在文件中写入多行文本

在创建或覆盖文件时，可以在文件中写入多行文本。对于每一行文本，代码中可以多次调用 write() 函数。对每行文本使用 write() 函数的示例代码如清单 8-3 所示。请在开始新行之前记住在每行的末尾添加一个新行字符 \n。

使用 Mu 编辑器将示例代码刷入 micro:bit 中。这将在 micro:bit 内存中创建带有给定内容、名为 foo.txt 的文件。

清单 8-3　创建多行文本的文件

```
with open('foo.txt', 'w') as myFile:
    myFile.write("This is the first line\n")
    myFile.write("This is the second line")
```

你还可以使用单个 write() 函数编写两行文本，如下所示。

```
myFile.write("This is the first line\nThis is the second line")
```

刷入代码后，你可以使用 read() 命令读取文件 foo.txt 的内容。单击“REPL”按钮，将代码输入 REPL 提示区，如图 8-3 所示。执行完整代码后，你将在 REPL 提示区中看到该文件的内容被显示出来。

```
>>> with open('foo.txt') as myFile: 按回车键
...     print(myFile.read()) 按回车键
... 按backspace键 按回车键
This is the first line
This is the second line
>>>
```

图 8-3　读取文件的内容

8.4 将文本追加到文件中

micro:bit 不提供在创建文件之后再将文本追加到文件中的功能。不过，可以使用一种巧妙的方法将文本追加到现有文件中。下面解释了这种追加操作的实现步骤。

（1）读取现有文件的内容并将其存储在变量中。

（2）在存储的内容中添加新的文本。

（3）使用相同名称再次创建文件，其将覆盖原有文件，这样就能实现将文本追加到文件中的目的。

假设你创建了一个名为 foo.txt 的文件，其中包含一行文本。现在，你要向该文件添加另一行文本。如图 8-4 所示，你可以在 REPL 提示区按此操作（注意不要将其刷入 micro:bit 中！）。提示区中显示的是追加第二行文本后，文件 foo.txt 的最终内容。

```
>>> with open('foo.txt') as myFile1:按回车键
...     content = myFile1.read()按回车键
...     content = content + '\nThis is the second line'按回车键
...     print(content)按回车键
... 按backspace键 按回车键
This is the first line
This is the second line
>>> with open('foo.txt', 'w') as myFile2:按回车键
...     myFile2.write(content)按回车键
... 按backspace键 按回车键
...
46
>>> with open('foo.txt') as myFile3:按回车键
...     print(myFile3.read())按回车键
... 按backspace键 按回车键
This is the first line
This is the second line
>>>
```

图 8-4 将文本追加到文件中

8.5 使用“.py”扩展名创建文件

如果文件以“.py”扩展名结尾，则可以将其导入你的代码中。例如，可以按照如下方式导入名为 hello.py 的文件。

```
import hello
```

在 Python 文件中，使用 print 函数的任何语句都会被输出。

使用 Mu 编辑器创建文件 `foo.py`，如清单 8-4 所示，然后将其刷入 micro:bit 中。

清单 8-4　创建文件 foo.py

```
with open('foo.py','w') as myFile:
    myFile.write("i=10\n")
    myFile.write("print('-------------')\n")
    myFile.write("print(i)\n")
    myFile.write("print('-------------')")
```

刷入文件后，启动 REPL 提示区并输入如下语句。

```
import foo
```

在这行语句后按回车键，将得到如图 8-5 所示的输出。这表示当你把文件名放在 `import` 指令后面运行时，该文件将被执行（而不是显示文件的内容），其结果将在提示区显示。

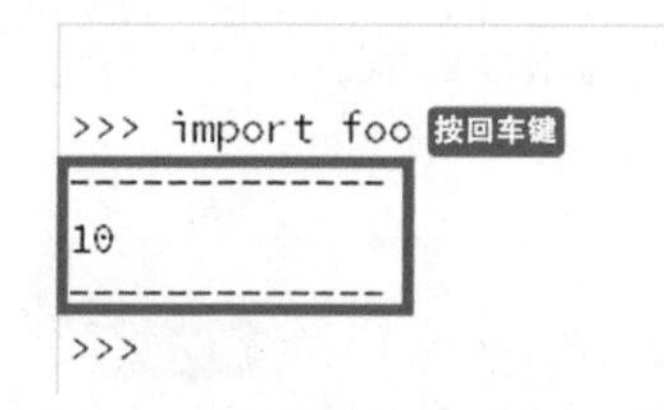

图 8-5　在 REPL 提示区中输出 foo.py

你可以使用 `read()` 函数获得该文件的内容。在 REPL 提示区中使用 `read()` 函数获取文件 `foo.py` 内容的完整操作如图 8-6 所示。

```
>>> with open('foo.py') as myFile:  按回车键
...     print(myFile.read())  按回车键
...  按backspace键  按回车键
i=10
print('-------------')
print(i)
print('-------------')
>>> |
```

图 8-6　使用 read() 函数获取文件 foo.py 的内容

8.6 创建自己的库

你现在可以将任何有效的 Python 文件导入你的代码中。包含一个函数或一组函数的 Python 文件被称为“库”。在本节中，你将了解如何在代码中使用外部 Python 文件中的函数。

首先我们使用一个简单的函数创建一个名为 gereeting.py 的 Python 文件。如清单 8-5 所示，其代码使用名为 showGreeting() 的函数创建文件 greeting.py。

清单 8-5 创建 Python 库

```
with open('greeting.py','w') as myFile:
    myFile.write("def showGreeting():\n")
    myFile.write("print('Hello Friend!')")
```

你可以在 Mu 编辑器的 REPL 提示区中使用这个 Python 库，如图 8-7 所示。

首先，你必须使用以下命令导入 micro:bit 内存中的 Python 文件。

```
import greeting
```

然后你可以按如下方式调用该函数。

```
greeting.showGreeting()
```

```
>>> import greeting 按回车键
>>> greeting.showGreeting() 按回车键
Hello Friend!
>>> |
```

图 8-7 使用 Python 库

8.7 文件操作

micro:bit 允许你对存储在内存中的文件进行操作。os（操作系统）库提供了一些有用的函数来处理 micro:bit 的文件系统。

在本节展示文件操作方面的示例之前，我们首先在 micro:bit 内存中创建一些文件，其代码如清单 8-6 所示。

清单 8-6　在 micro:bit 内存中创建 4 个文件

```
with open('foo.txt','w') as foo:
    foo.write("foo")
with open('bar.txt','w') as bar:
    bar.write("bar")
with open('baz.py','w') as baz:
    baz.write("a=5")
with open('qux.py','w') as qux:
    qux.write("b=7")
```

列出文件

你可以使用 `listdir()` 函数列出 micro:bit 中存储的所有文件。首先，打开 REPL 提示区并运行下面这些语句。

```
import os
os.listdir()
```

`litsdir()` 函数将返回存储在 micro:bit 中的文件的列表，完整操作如图 8-8 所示。

```
>>> import os 按回车键
>>> os.listdir() 按回车键
['foo.txt', 'bar.txt', 'baz.py', 'qux.py']
>>> 
```

图 8-8　列出 micro:bit 中的文件

删除文件

你可以使用 `remove()` 函数删除文件。假设现在你要删除存储在 micro:bit 上的文件 `foo.txt`，可以在 REPL 提示区中运行以下语句。

```
os.remove('foo.txt')
```

在运行 `remove()` 函数删除文件之后，再次运行 `listdir()` 函数以验证文件是否已被删除，完整的操作如图 8-9 所示。

```
>>> os.remove('foo.txt') 按回车键
>>> os.listdir() 按回车键
['bar.txt', 'baz.py', 'qux.py']
>>>
```

图 8-9 删除文件

获取文件的大小

size() 函数用于获取存储在 micro:bit 上的文件的大小，其以字节为单位返回给定文件的大小。让我们运行以下语句来获取名为 bar.txt 的文件的大小。

```
print(os.size('bar.txt'))
```

size() 函数返回了文件 bar.txt 的大小，即 3 个字节。

REPL 提示区中的显示如图 8-10 所示。

```
>>> print(os.size('bar.txt')) 按回车键
3
>>>
```

图 8-10 获取文件的大小

8.8 使用MicroFS进行文件传输

MicroFS 是一款简单的命令行工具，用于在 micro:bit 上与 MicroPython 提供的有限文件系统进行交互。

安装 MicroFS

你可以在运行 Windows、Linux 或 Mac 操作系统的计算机上安装 MicroFS。本节中的详细说明对于在这 3 个操作系统上安装 MicroFS 的过程都适用。

在安装 MicroFS 之前，请确定你是否已在计算机上安装了 Python 和 pip，这是安装 MicroFS 的先决条件。如果你还没有安装 Python 和 pip，请到电子工业出版社博文视点官网的本书页面（http://www.broadview.com.cn/37042）下载本书配套代码和外链列表，Python 和 pip 的下载地址可在本书外链列表中找到。

从现在开始，我们用 Windows 命令提示符来演示 MicroFS 的安装和使用。

在设置完所有内容后，我们只需在 Windows 的“命令提示符”窗口中运行以下命令，如图 8-11 所示。

```
$ pip install microfs
```

几分钟内，就可以在你的计算机上安装好 MicroFS。

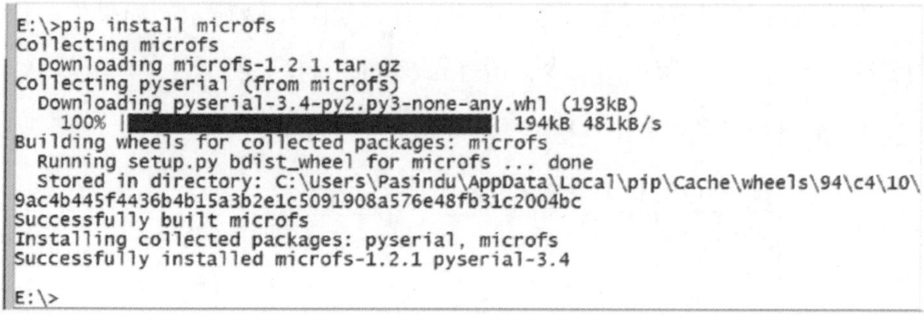

```
E:\>pip install microfs
Collecting microfs
  Downloading microfs-1.2.1.tar.gz
Collecting pyserial (from microfs)
  Downloading pyserial-3.4-py2.py3-none-any.whl (193kB)
    100% |████████████████████████████████| 194kB 481kB/s
Building wheels for collected packages: microfs
  Running setup.py bdist_wheel for microfs ... done
  Stored in directory: C:\Users\Pasindu\AppData\Local\pip\Cache\wheels\94\c4\10\
9ac4b445f4436b4b15a3b2e1c5091908a576e48fb31c2004bc
Successfully built microfs
Installing collected packages: pyserial, microfs
Successfully installed microfs-1.2.1 pyserial-3.4

E:\>
```

图 8-11　安装 MicroFS

升级 MicroFS

在安装完成 MicroFS 之后，我们可以使用下面的命令对其进行升级，如图 8-12 所示。

```
pip install -no-cache -upgrade microfs
```

现在，你已做好准备使用 MicroFS 访问 micro:bit 了。你应该用 ufs 启动每个命令。

```
$ufs [command]
```

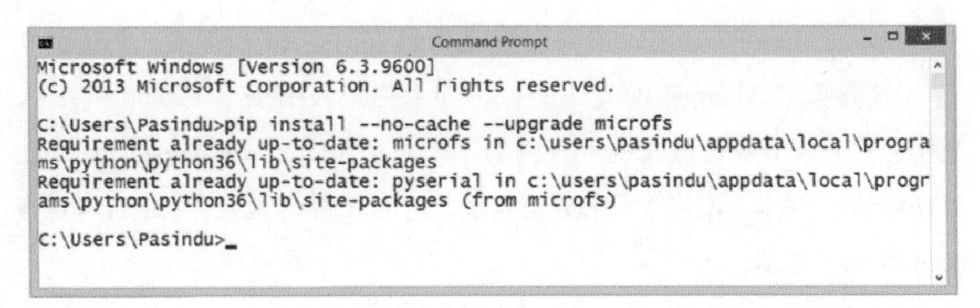

图 8-12 升级 MicroFS

列出 micro:bit 的文件

`ls` 命令可以列出 micro:bit 存储中的所有文件，如下。

```
$ufs ls
```

假设我们在 micro:bit 上创建了 3 个文件，如图 8-13 所示。如果你要使用相同的示例运行本节中的命令，请首先在 micro:bit 上创建名为 `bar.txt`、`baz.py` 和 `qux.py` 的 3 个文件。

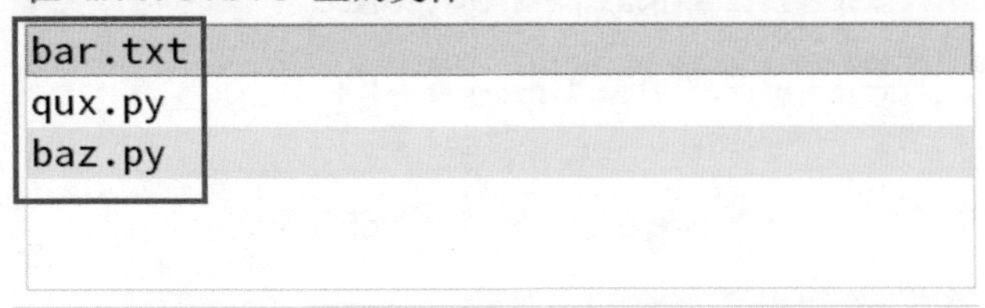

图 8-13 在 `micro:bit` 上创建 3 个文件

在“命令提示符”窗口中运行 `ls` 命令，你可以看到这 3 个文件的名字，如图 8-14 所示。

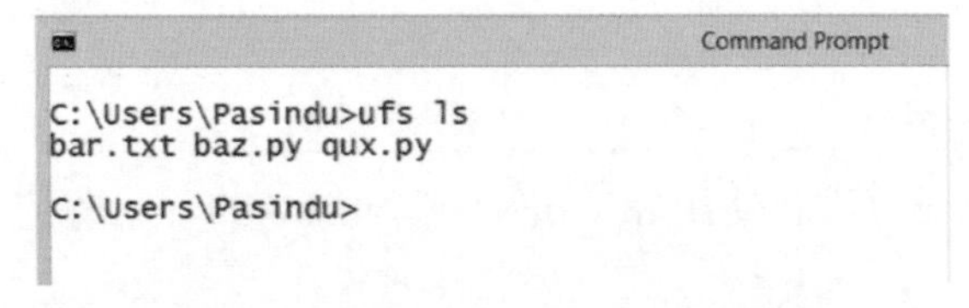

图 8-14 列出 micro:bit 上所有的文件

从 micro:bit 复制文件

get 命令可以将 micro:bit 中的任何文件传输到计算机中。

```
$ufs get bar.txt
```

运行 get 命令后，目标文件将被保存在计算机的本地驱动器上。(你可以通过“命令提示符”窗口中的当前目录，在计算机的硬盘驱动器上找到复制的文件。)

如图 8-15 所示，在“命令提示符”窗口中运行 get 命令，之后运行 dir 命令以验证文件是否已被复制到计算机中。

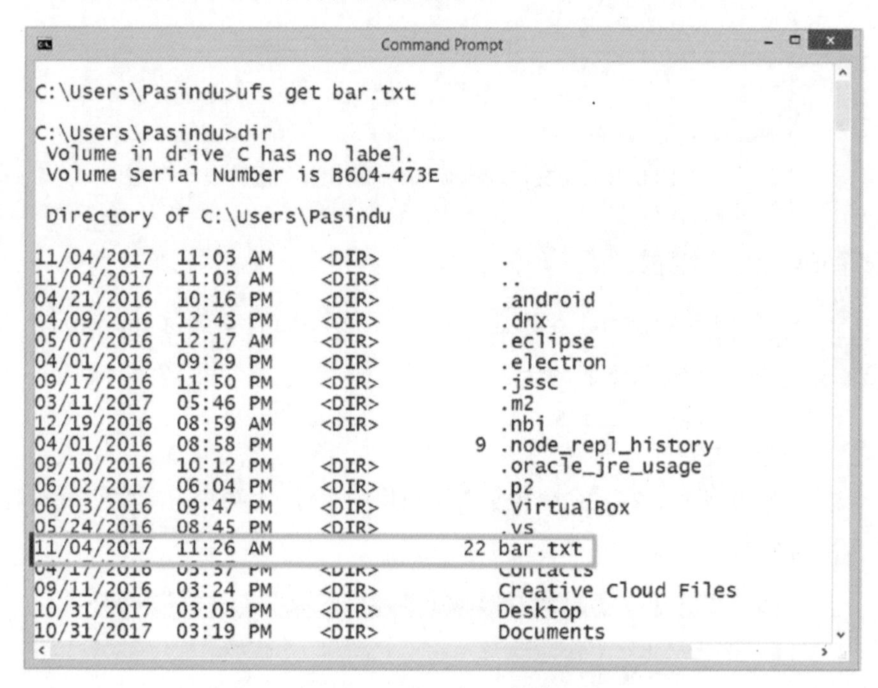

图 8-15　复制文件，然后验证

将文件复制到 micro:bit

你可以使用 put 命令将计算机中的任何文件复制到 micro:bit 中。

```
$ ufs put path/to/file.txt
```

举个例子。假如你要将计算机上的名为 led.py 的文件（假设该文件当前位于“D:/microbit/files/”目录下）复制到 micro:bit 中，就需要运行下面显示的命令。

```
$ufs put d:/microbit/files/led.py
```

如图 8-16 所示，在“命令提示符”窗口中运行 put 命令，然后可以使用 ls 命令对其结果进行验证。

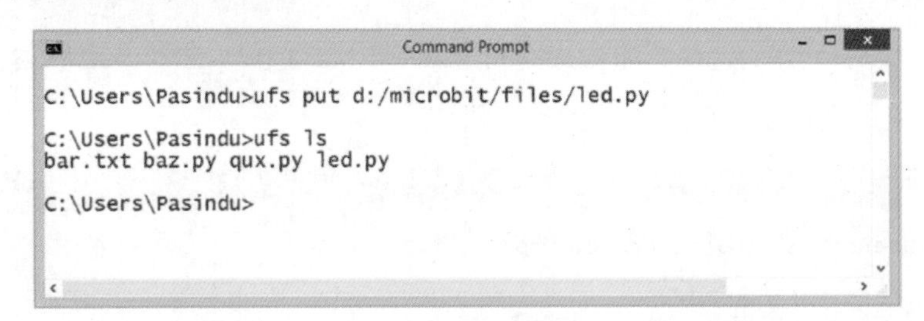

图 8-16 将文件复制到 micro:bit 上，然后验证

删除 micro:bit 上的文件

rm 命令用于删除 micro:bit 上的文件。假设我们要删除 micro:bit 上的 qux.py 文件，则运行下面的命令。

```
$ ufs rm qux.py
```

如图 8-17 所示，在“命令提示符”窗口中运行 rm 命令，之后使用 ls 命令对其进行验证。

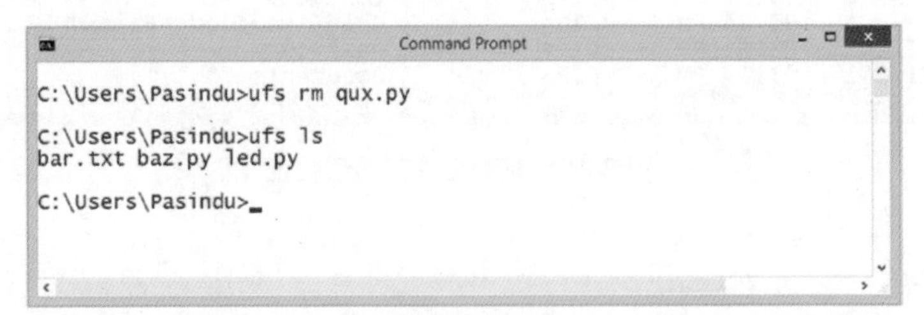

图 8-17 删除 micro:bit 上的文件，然后验证

8.9 总结

在本章中，你学习了如何使用 micro:bit 的文件系统来存储和操作文件。此外，你还学习了如何使用 MicroFS 程序来操作 micro:bit 上的文件，以及如何在 micro:bit 和你的计算机之间传输文件。

在下一章中，你将学习如何基于 micro:bit 的有线或无线网络创建应用程序。

第 9 章

建立有线或无线网络

连入网络可以让你的 micro:bit 向其他 micro:bit 发布广播，以及与许多 micro:bit 交换数据。在本章中，你将学习如何使用 micro:bit 建立有线和无线网络。你将能够基于 micro:bit 的网络功能创建各种应用程序，如数据记录器、车辆遥控器、广告信标等。

9.1 构建有线网络

你可以使用导线连接两个或更多个 micro:bit，从而组建有线网络，但这种类型的网络不支持任何寻址和分组功能，故更适合连接两个 micro:bit。

这种简单的有线网络需要以下的组件和材料：①两条鳄鱼线；②两个 micro:bit；③两个电池盒；④ 4 节 AA 电池。

首先使用鳄鱼线把两个 micro:bit 连接起来，如图 9-1 所示。

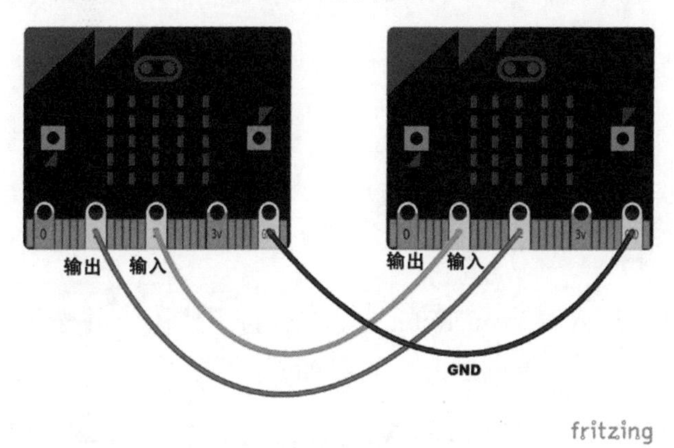

图 9-1 连接两个 micro:bit

在进行连接之前，必须确定两个 micro:bit 各自用于输入和输出的引脚。

在上面这个例子中，两个 micro:bit 都使用引脚 2 作为输入，使用引脚 1 作为输出。

以下两段 MicroPython 语句用于在引脚 1（输出）上写入数字 1 和 0。

```
pin1.write_digital(1)  # 打开信号
pin1.write_digital(0)  # 关闭信号
```

你还可以使用如下的 MicroPython 语句,读取引脚 2(输入)上的输入信号。

```
input = pin2.read_digital()  # 读取信号值（0 或 1）
```

接下来，让我们创建一个基于 micro:bit 有线网络的基本应用程序。假设你有两个 micro:bit，分别标记为 X 和 Y，如前图所述，使用鳄鱼线连接起来。

当你按住 micro:bit X 上的按钮 A 时，图案应显示在 micro:bit Y 上。同样，当你按住 micro:bit Y 上的按钮 A 时，图案应显示在 micro:bit X 上。实现起来非常简单，代码如清单 9-1 所示。

清单 9-1 micro:bit 网络应用的基础案例

```
from microbit import *

while True:
    if button_a.is_pressed():
        pin1.write_digital(1)
    else:
        pin1.write_digital(0)

    input = pin2.read_digital()
    if (input == 1):
        display.show(Image.HAPPY)
    else:
        display.clear()
```

将如上代码刷入两个 micro:bit 中。当你按下按钮 A 并松开后，程序将在引脚 1 上写入数字 1，否则引脚 1 上的值为 0（输出）。同时，程序将读取引脚 2 上的输入值（输入），如果发现输入值为 1，LED 点阵显示屏将显示图案。

缓冲传入数据

缓冲对于临时存储数据非常有用。临时存储的数据可以在需要时进行处理。使用图 9-1 中所示的相同硬件设置，我们可以利用 MicroPython 语言编程发送数据和缓冲接收的数据，如清单 9-2 所示。

清单 9-2　缓冲数据

```
from microbit import *

buffer = ''
while True:
    # 发送
    if button_a.was_pressed():
        pin1.write_digital(1)
    else:
        pin1.write_digital(0)
    # 接收
    if (pin2.read_digital() == 1):
        buffer += 'x '

    if button_b.was_pressed():
        display.scroll(buffer)
        buffer = ''
    sleep(100)
```

根据代码，当你按下按钮 A 并松开时，引脚 1 上的值变为 1（高）。

当接收到数据时，micro:bit 将引脚 2 上的所有数字 1（高）的状态存储到变量 buffer 中。它忽略了数字 0（低）的状态。你可以随时按下按钮 B，在 LED 点阵显示屏上查看所有数字为 1（高）的状态。

将代码刷入两个 micro:bit 中，将它们分别标记为 X 和 Y。现在测试代码。

（1）按下 micro:bit X 的按钮 A 并松开，做 5 遍。

（2）按下 micro:bit Y 的按钮 B 并松开，查看 LED 点阵显示屏上的输出。我们可以看到 LED 点阵显示屏上会滚动显示 5 个 x 标记，表明有 5 个按下按钮的事件。

9.2 使用无线通信

micro:bit 的 CPU（中央处理器）有一个内置的 2.4GHz radio 模块，允许你通过无线库发送和接收消息。通过无线库，你可以创建各种应用程序，在 micro:bit 之间交换数据。

打开和关闭 radio 模块

radio.on() 函数可以打开 radio 模块来发送和接收消息。调用 radio.off() 函数则可关闭 radio 模块。如清单 9-3 所示，其代码打开了 micro:bit 的 radio 模块，5 秒钟后再将之关闭。

清单 9-3 打开 micro:bit 的 radio 模块 5 秒钟

```
from microbit import *
import radio
radio.on() # 打开 radio 模块
sleep(5000)
radio.off() # 关闭 radio 模块
```

发送和接收消息

你可以使用 radio.send() 函数发送长达 251 个字节的消息（或者说，每个消息包含 250 个字符）。

发送消息类似于广播电台广播节目，所有收音机只要调到正确的频率，都可以接收相同的节目。同样，如果将 micro:bit 设置为接收设备，它们可以在传输范围内接收消息。

下面我们使用两个 micro:bit 来演示。如清单 9-4 所示，其代码让第一个 micro:bit 向第二个 micro:bit 发出消息。该代码应该保存在第一个 micro:bit 上。

清单 9-4 发送消息

```
from microbit import *
```

```
import radio

while True:
    radio.on() # 打开 radio 模块
    message = "Hello,World!."
    radio.send(message)
sleep(500)
```

可以使用 `radio.receive()` 函数让 micro:bit 接收消息。如清单 9-5 所示，其代码可以让第二个 micro:bit 接收和显示消息。该代码保存在第二个 micro:bit 上。

清单 9-5　接收消息

```
from microbit import *
import radio

radio.on()

while True:
    incoming = radio.receive()
    if incoming is not None:
        display.show(incoming)
        # print(incoming)
    sleep(500)
```

设置 radio 模块

现在你已经知道了如何使用 micro:bit 的 `radio` 模块发送和接收消息。所有前面的示例都使用 micro:bit 的 `radio` 模块的默认设置来发送和接收消息。如果使用默认设置，则可以将相同的消息发送到具有默认配置的每个 micro:bit 上。你可以使用 `radio.config()` 函数设置 `radio` 模块。

选择频道

像无线电台或电视发射器一样，micro:bit 的 `radio` 模块也可设置传输频率。相同的频率也会接收数据。关键字 `channel` 可用于设置频道号，如下所示。

```
radio.config(channel=25)
```

micro:bit 一共可以支持 101 个频道，编号从 0 到 100，默认频道为 7。

频道 0 的频率为 2400Mhz，每个频道的带宽为 1Mhz。例如，频道 1 的频率为 2401Mhz，通道 2 的频率为 2402MhZ，以此类推。

定义分组

你可以使用关键字 group 将 micro:bit 分配给虚拟组。分组允许你在同一网络范围内创建多个 micro:bit 无线项目，而且不会造成干扰。请记住，你的 micro:bit 在同一时间内只能是一个分组的成员，其发送的任何数据包只会被同一分组中的其他 micro:bit 接收。你可以使用 0 到 255 之间的分组编号。默认的分组编号为 0。

```
radio.config(group=7)
```

分配地址

为 micro:bit 的 radio 模块分配地址可让你在硬件层面就过滤传入的消息，只保留与你设置的地址相匹配的消息。你可以将地址表示为 32 位，默认地址是 0x75626974。关键字 address 可用于设置无线的地址。

```
radio.config(address=0x11111111)
```

发射功率

radio 模块的发射功率表示信号的强度，即它可以从信号源传输到多远的地方。你可以使用 radio.power() 函数为 micro:bit 的 radio 模块设置发射功率，该函数接受 0 到 7 之间的值，默认值为 6。该值越高，代表 radio 模块消耗 micro:bit 的功率越大，但是使用强信号可以帮助你联系到更多的 micro:bit 的 radio 模块。

```
radio.config (power = 7)
```

远程控制 LED

你可以使用 micro:bit 的 `radio` 模块来创建各种无线应用程序。在第一个应用示例中，让我们编写 MicroPython 代码来远程控制 LED。

图 9-2 是连接 LED 和 micro:bit 的接线图，将 LED 的正极（阳极）连接到 micro:bit 的引脚 0 上，将 LED 的负极（阴极）先连接 220 欧姆的电阻，然后再连接到 micro:bit 的 GND 引脚上。

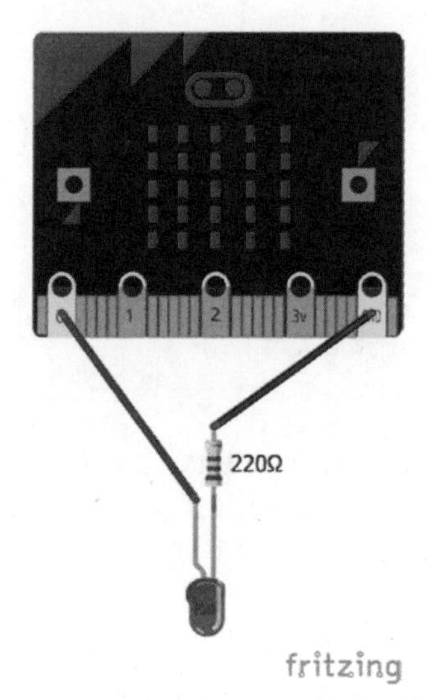

图 9-2　连接 LED 和 micro:bit 的接线图

如清单 9-6 所示，其代码在刷入 micro:bit 之后，micro:bit 可以被用作遥控器（发送器）使用。

清单 9-6　遥控器（发送器）的代码

```
from microbit import *
import radio

radio.on() # 打开 radio 模块
radio.config(power=7)

while True:
    if(button_a.was_pressed()): # 打开连接到接收器的 LED
```

```
        radio.send("H") # 发送字母 H 到接收器
    elif(button_b.was_pressed()): # 关闭连接到接收器的 LED
        radio.send("L") # 发送字母 L 到接收器
    sleep(100)
```

如清单 9-7 所示，其代码需要刷入连接 LED 的 micro:bit（接收器）中，该代码将处理来自遥控器（发送器）的所有传入的消息，并将在连接 LED 的引脚上写入值。

清单 9-7 接收器的代码

```
from microbit import *
import radio

radio.on() # 打开 radio 模块
radio.config(power=7)

pin0.write_digital(0) # 启动时关闭 LED

while True:
    message = radio.receive() # 读取传入的信息
    if (message == "H"): # 比较传入的信息
        pin0.write_digital(1) # 打开 LED
    if (message == "L"):
        pin0.write_digital(0) # 关闭 LED
```

将代码分别刷入两个 micro:bit 后，将它们从计算机上断开，改用电池供电，两个 micro:bit 将会在几秒钟内通过无线网络相互连接，如图 9-3 所示。

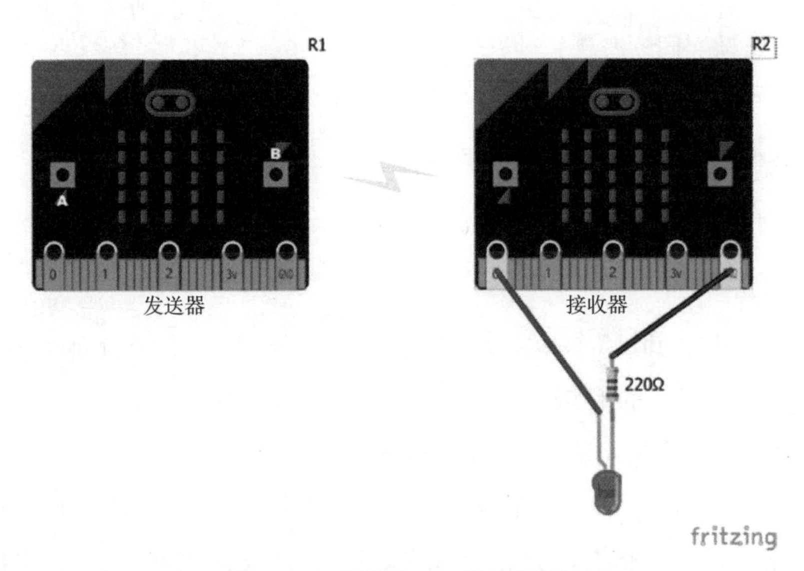

图 9-3　远程控制 LED 的无线网络

控制 LED

表 9-1 是按钮事件列表，你可以使用这些按钮事件来远程控制连接到 micro:bit（接收器）上的 LED。

表 9-1　使用按钮事件来远程控制 LED

发送器操作	接收器上的 LED 状态
在启动 / 重置时	关闭
按下按钮 A 并松开	打开
按下按钮 B 并松开	关闭

综合案例：制作无线遥控越野车

本案例会使用上一小节“远程控制 LED”中讲到的技术。我们可以使用 micro:bit 无线网络来控制机器人。

让我们使用以下组件组装一个简单的无线遥控越野玩具车。

- 能够安装 micro:bit 的巡线越野玩具车（原书中该玩具小车的购买地址可在本书配套资源的外链列表中找到，读者也可以在国内电商平台上购买同款产品）。

- 两个 micro:bit，一个作为遥控器，另一个需要被安装在玩具车上。
- 4 节 AA 电池用于给玩具车供电。
- 2 节 AA 电池用于给遥控器供电。

组装巡线越野车

在 Kitronik 的博客（该博客文章地址可在本书配套资源的外链列表中找到）上，有一个非常好的组装巡线越野玩具车的教程。你可以使用这个操作指南组装硬件，但先不要组装和连接巡线电路板。

组装硬件后，按照下面的说明将两个电机连接到电机驱动板上。图 9-4 是电机和电机驱动板之间的线路连接图。将玩具车的左侧电机标记为电机 1，将右侧的电机标记为电机 2。

- 电机 1 上的导线 1（蓝色）连到 P12 端子。
- 电机 1 上的导线 2（红色）连到 P8 端子。
- 电机 2 上的导线 1（红色）连到 P0 端子。
- 电机 2 上的导线 2（蓝色）连到 P16 端子。

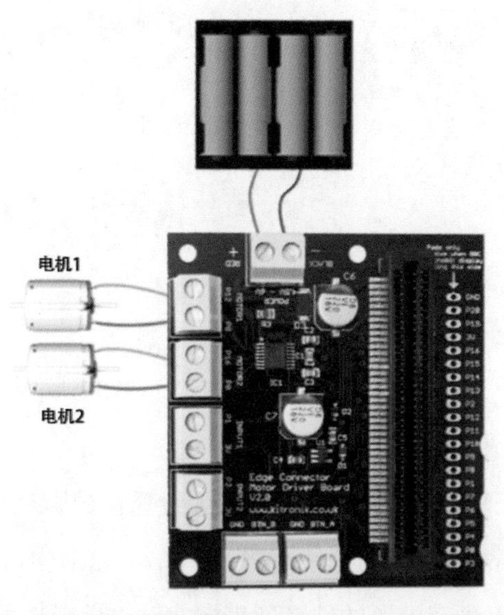

图 9-4　使用电机驱动板连接电机（图片来自 Kitronik）

首先，将电池放入玩具车的电池盒中，把电池盒上的电源开关置于关闭状态。

然后，将电池盒中的导线连接到电机驱动板上的电源接线盒上，注意要按照电机驱动板上标识的正负极来连接。连接完成后的底盘如图 9-5 所示。

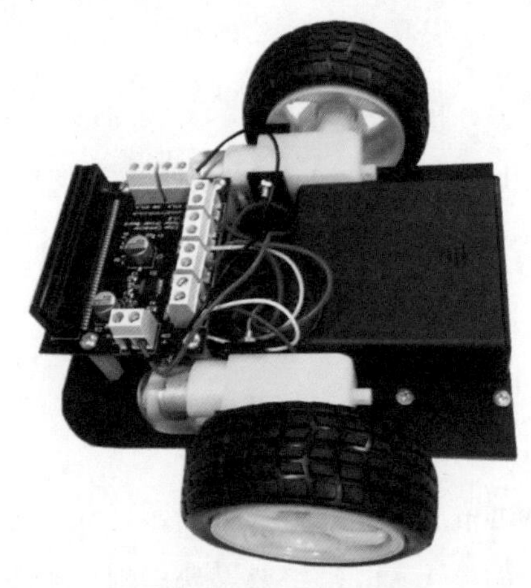

图 9-5　完成后的底盘（图片来自 Kitronik）

编写代码

你可以通过在 micro:bit 的相应 I/O 引脚上输入相应的值来控制每个电机。如表 9-2、表 9-3 所示，其输入值可用于控制电机。注意正向和反向可以根据电机的连接方式而变化。你可以通过将两个电机线与接线端子交换来校正方向。

表 9-2　电机 1（左边电机）控制引脚

P8	P12	电机 1 功能
0	0	平稳滑行
1	0	向前
0	1	向后
1	1	刹车

表 9-3 电机 2（右边电机）控制引脚

P0	P16	电机 2 功能
0	0	平稳滑行
1	0	向前
0	1	向后
1	1	刹车

你可以通过 micro:bit（遥控器）上的按钮来实现以下操作，从而实现远程控制。

- 按下按钮 A：向前
- 按下按钮 B：向后
- 同时按下按钮 A 和按钮 B: 刹车

遥控器的 MicroPython 代码如清单 9-8 所示，玩具车的 MicroPython 代码如清单 9-9 所示。将它们输入 Mu 编辑器，然后刷入相应的 micro:bit 中。

清单 9-8 遥控器的代码

```
from microbit import *
import radio

radio.on() # 打开 radio 模块
radio.config(power=7)

while True:
    if(button_a.is_pressed()):
        radio.send("F") # 向前
    elif(button_b.is_pressed()):
        radio.send("B") # 向后
    elif(button_a.is_pressed() and button_b.is_pressed()):
        radio.send("S") # 刹车
    else:
        radio.send("C") #平稳滑行
    sleep(100)
```

清单 9-9　车的代码

```
from microbit import *
import radio

radio.on() # 打开 radio 模块
radio.config(power=7)

while True:
    message = radio.receive()
    if (message == "F"): # 向前
        pin8.write_digital(1) # 电机 1
        pin12.write_digital(0) # 电机 1
        pin0.write_digital(1) # 电机 2
        pin16.write_digital(0) # 电机 2
    if (message == "B"): # 向后
        pin8.write_digital(0) # 电机 1
        pin12.write_digital(1) # 电机 1
        pin0.write_digital(0) # 电机 2
        pin16.write_digital(1) # 电机 2
    if (message == "S"): # 刹车
        pin8.write_digital(1) # 电机 1
        pin12.write_digital(1) # 电机 1
        pin0.write_digital(1) # 电机 2
        pin16.write_digital(1) # 电机 2
    if (message == "C"): # 平稳滑行
        pin8.write_digital(0) # 电机 1
        pin12.write_digital(0) # 电机 1
        pin0.write_digital(0) # 电机 2
        pin16.write_digital(0) # 电机 2
```

将代码分别刷入两个 micro:bit 后，把小车的电池盒上的开关打开，然后将遥控器电池盒连接到用作遥控器的 micro:bit 上。

现在你就可以玩无线遥控越野玩具车了。你可以使用按钮 A 和按钮 B 来控制小车向前和向后移动。如果你要让小车停止，就同时按住两个按钮。如果你没有按任何按钮，那么这辆小车将进入平稳滑行（空档）状态。

你可以通过以下操作来改进这辆小车的控制。

（1）点转弯。一个电机前进，另一个电机后退。这样的话，小车将转向电机后退的一侧。

（2）摆动转弯。一个电机停止，另一个电机或者向后或者向前。这样的话，可以实现四种类型的回转：左前转弯、左后转弯、右前转弯、右后转弯。

（3）给 micro:bit 添加额外的按钮并通过代码实现这些转弯操作，从而实现让小车转弯。

9.3 总结

在本章中，你了解了 micro:bit 的网络功能。现在，你已经知道如何基于有线和无线的 micro:bit 网络创建简单的应用程序。你学到的这些知识还可以用于创建更复杂的应用程序，例如开发基于 micro:bit 网络功能的数据记录器、机器人、家庭自动化系统和内容交付系统等。

在本书中，你学到了如何使用 MicroPython 语言开发 micro:bit 应用程序的基础知识。虽然 MicroPython 语言仍然不支持 micro:bit 提供的蓝牙服务，但是你可以通过 JavaScript Blocks Editor 来使用 micro:bit 蓝牙服务开发应用程序，还可以在互联网上找到许多相关的资源。通过本书附录 B 介绍的 micro:bit Blue App，你可以使用 micro:bit 的蓝牙服务。

附录A 更新DAPLink固件，以及通过Tera Term使用REPL

这一部分介绍了如何使用维护模式更新micro:bit上的DAPLink固件，另外还向你展示了如何通过Tera Term（串口终端程序）使用REPL（Read-Evaluate-Print-Loop）。

A.1 DAPLink固件

micro:bit上的固件存储在一个名为“KL26”的独立接口芯片中。这个固件被称为“DAPLink”，它负责连接到USB端口，允许你拖放“.hex”文件，将程序刷入应用程序处理器中。

如果你想确定KL26接口芯片中加载了什么固件，请将micro:bit与计算机连接，然后在计算机的文件管理器中打开，然后查看文件DETAILS.txt，如图A-1所示。

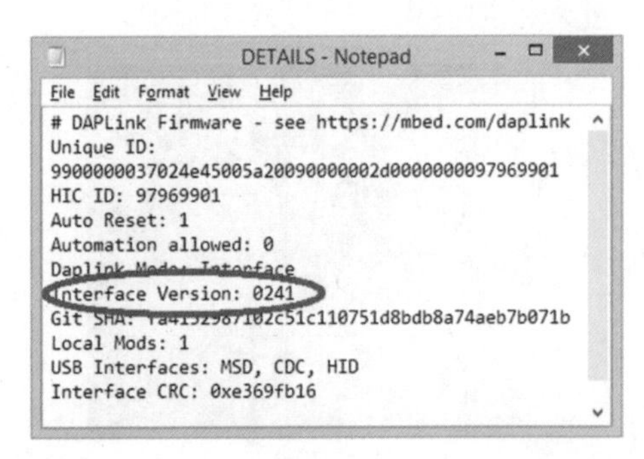

图A-1　文件DETAILS.txt包含固件信息

升级 DAPLink 固件

你可以下载最新的 DAPLink 固件。请到电子工业出版社博文视点官网的本书页面（http://www.broadview.com.cn/37042）下载本书配套代码和外链列表。最新的 DAPLink 固件的下载地址可在本书外链列表中找到。在翻译本文时，其最新版本为 0253（不断更新中）。

注意：只有当DAPLink 固件有了新的版本时，才应该进行更新。

在 micro:bit 上更新 DAPLink 固件的步骤如下。

（1）首先，将 micro:bit 置于维护模式。（请阅读下一小节“维护模式”，从而了解如何将 micro:bit 置于维护模式。）

（2）将固件（.hex 文件）复制到 MAINTENANCE 驱动器。

（3）micro:bit 的系统指示灯将开始闪烁。复制操作完成后，系统指示灯停止闪烁，驱动器将被卸载。

（4）将 micro:bit 从计算机上断开，然后重新连接到计算机上，之后 micro:bit 在计算机的文件浏览器中将显示为“MICROBIT”。

维护模式

维护模式允许你更新 DAPLink 固件。DAPLink 固件是一个 USB 接口，通过它，你可以将二进制文件拖放到目标微控制器上。

通过 USB 数据线将 micro:bit 连接到计算机上，按住 micro USB 端口附近的重置按钮，就可以进入维护模式，如图 A-2 所示。

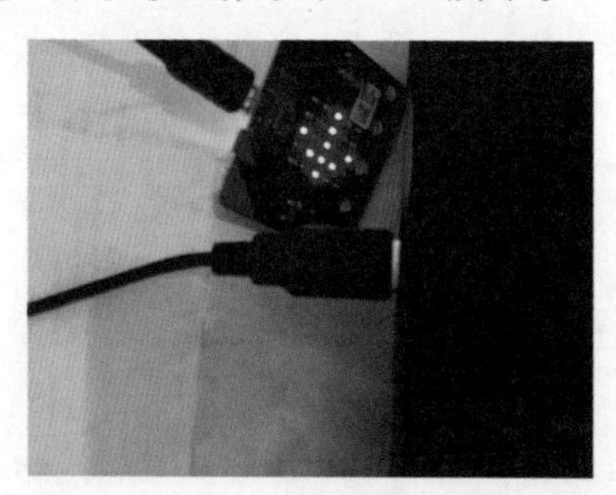

图 A-2　让 micro:bit 进入维护模式

这时候，你的 micro:bit 将在计算机中显示为名为 “MAINTENANCE”（意为 “维护”）的存储设备，如图 A-3 所示。

有时候，你本来并不想让 micro:bit 进入维护模式，不过在将其连接到计算机上并按下重置按钮时也会发生这种情况。你可以将 micro:bit 从计算机上断开，在将其重新连接计算机时按下重置按钮，就可以退出维护模式。

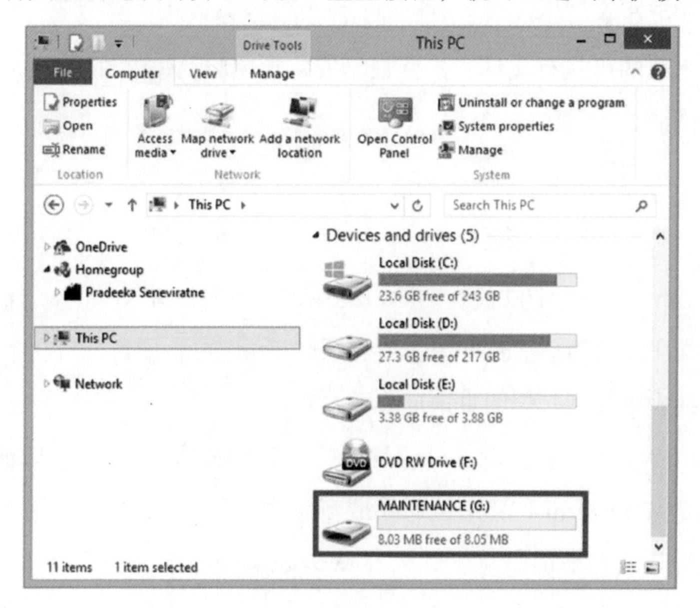

图 A-3　micro:bit 在 Windows 文件浏览器中显示为 “MAINTENANCE”

A.2　通过Tera Term使用REPL

REPL 允许你逐行地运行代码，而不用一次性将整个程序刷入 micro:bit 中。使用 REPL，你可以在编写代码时快速地执行和调试代码。REPL 可以通过 micro:bit 和计算机之间的串行连接来执行。

本节将指导你如何通过 Tera Term（Windows 环境下的串口终端程序）使用 REPL。你也可以通过安装在计算机上的 PuTTY 或 Mu 编辑器使用 REPL。

下载 mbed 串口驱动程序

要在 Windows 操作系统的计算机上使用 REPL，首先要安装 mbed 串口驱动程序。请到电子工业出版社博文视点官网的本书页面（http://www.broadview.com.cn/37042）下载本书配套代码和外链列表。mbed 串口驱动程序的下载地址可在本书外链列表中找到。

运行下载的可执行文件，然后根据安装说明将其安装在 Windows 操作系统的计算机上。

下载 Tera Term

Tera Term 是一个非常流行的串口终端程序，可以在 Windows 操作系统中使用。该程序使用简单而且开源。要想了解 Tera Term 项目，可在本书配套资源的外链列表中找到其说明页地址并登录查看。

你可以在本书配套资源的外链列表中找到相关地址并下载 Windows 操作系统版本的 Tera Term（请务必下载最新版本）。可下载的文件有".exe"和".zip"两种格式。下面将讲解如何在 Windows 操作系统中安装 Tera Term 并连接 micro:bit。

（1）运行安装程序。选择"I Accept the Agreement"选项，然后单击"Next"按钮。

（2）选择安装位置，然后单击"Next"按钮。

（3）从下拉列表中选择"Standard Installation"选项，然后单击"Next"。

（4）选择语言，然后单击"Next"按钮。默认的语言为"English"。

（5）选择"Start Menu Folder"选项，然后单击"Next"按钮。

（6）选择"Additional Tasks"选项，然后单击"Next"按钮。

（7）点击"Install"按钮，开始在你的计算机上安装 Tera Term。

（8）选择"Launch Tera Term"选项，并单击"Finish"按钮，完成此过程。

设置 Tera Term

首先，你需要设置 Tera Term，通过连接 micro:bit 的串行端口建立通信。以下步骤讲解了如何设置 Tera Term。

（1）Tera Term 启动，并提示你建立新的连接，如图 A-4 所示。选择“Serial”选项，然后从“Port”下拉列表中选择正确的 COM 端口。通常，micro:bit 的 COM 端口被称为 mbed 串行端口。单击“OK”按钮，你会看到一个空白的 Tera Term 窗口。

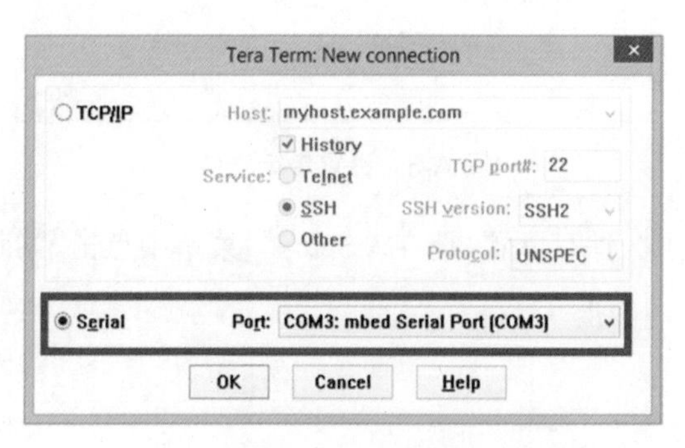

图 A-4　选择 micro:bit 的串行端口

（2）在“Setup”菜单中点击“Terminal”选项，弹出“Tera Term:Terminal setup”对话框，如图 A-5 所示。在“ New-line”选项组中点击“Receive”下拉列表，选择“CR+LF”。选中“Local echo”复选框。

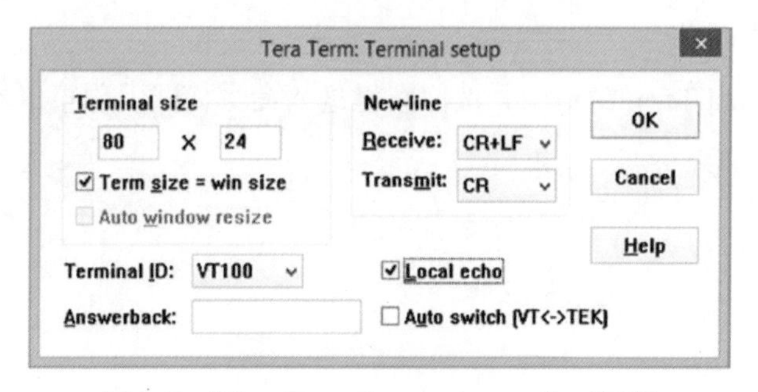

图 A-5　“Tera Term:Terminal setup”对话框

（3）在“Setup”菜单中点击“Serial Port”选项，确认通信设置是否正确。在弹出的“Tera Term:Serial Port Setup”对话框（如图 A-6 所示）中，设置“Baud rate”为 115200，然后点击“OK”按钮，保存设置并关闭对话框。

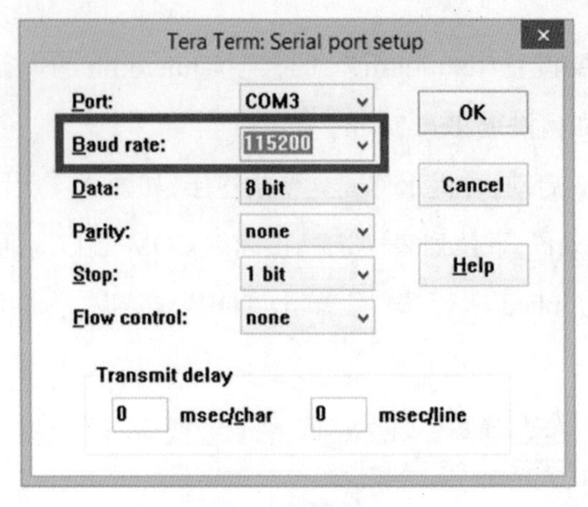

图 A-6　设置串行端口

（4）如果要永久保存配置，请在“Setup”菜单中点击“Save Setup”选项，然后点击“Save”按钮。

使用 Tera Term 编写 MicroPython 代码

你可以在 Tera Term 窗口中编写 MicroPython 代码并逐行执行。

在每输入一行代码后按回车键，代码就会在 micro:bit 上执行。Tera Term 会将你输入的所有内容存储在缓冲区中。以下步骤说明如何使用 Tera Term 编写和执行简单代码。

（1）在 Tera Term 窗口中，按回车键进入命令模式。你可以看到一个由 3 个大于号组成的提示符，如图 A-7 所示。

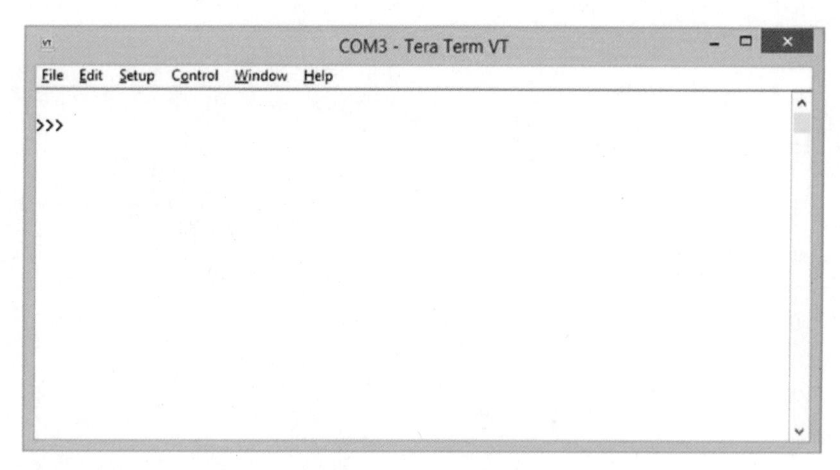

图 A-7　进入命令模式

（2）输入以下代码行，然后按回车键。

```
import from microbit *
```

（3）接下来，输入以下代码行并再次按回车键，如图 A-8 所示。

```
display.scroll ('Hello from Tera Term')
```

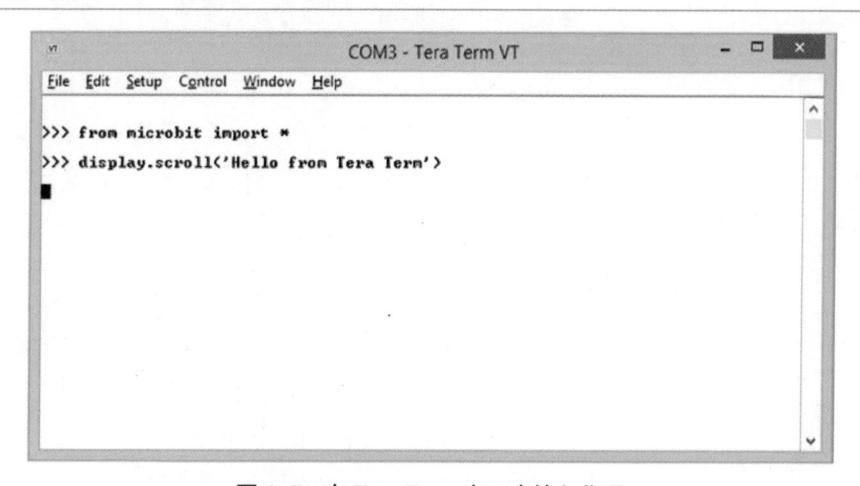

图 A-8　在 Tera Term 窗口中输入代码

（4）micro:bit 的 LED 点阵显示屏会立即滚动显示“Hello from Tera Term”。

（5）如果需要，可以添加更多的代码行进行测试。

（6）如果要输入新程序，请从“Edit”菜单中点击“Clear Cache”选项。

附录 B 在移动设备上使用 micro:bit App、micro:bit Blue App

这一部分介绍在移动设备上如何使用 micro:bit App 和 micro:bit Blue App 与 micro:bit 协同工作。这些 App 是 micro:bit 和移动设备之间的蓝牙桥接器。每个 App 都有自己的优点和缺点，但它们可以让你从 micro:bit 上收获更多。让我们开始探索 micro:bit App 和 micro:bit Blue App 吧！

B.1 使用micro:bit App

micro:bit App 允许你创建代码，将生成的“.hex”文件刷入 micro:bit 中并与移动设备的设备组件（比如摄像头）进行连接。

你可以下载由三星公司在 Google Play 上为 Android 操作系统开发的官方 micro:bit App（可在本书配套资源的外链列表中找到其下载地址）。这需要你的移动设备上安装 Android 4.4 或更高版本。

如果你使用苹果公司的 iPhone 或 iPad，则可以从 iTunes App Store 上面下载 micro:bit App（可在本书配套资源的外链列表中找到其下载地址）。iOS 操作系统的 micro:bit App 目前与各种苹果的移动设备（不同的硬件和 iOS 版本组合的各种 iPhone、iPad）均兼容。在 App 的下载页面中，我们可以找到兼容的设备列表。

与 micro:bit 配对

官方的 Android App 和 iOS App 与 micro:bit 的配对过程都是既有趣又简单。我们先使用两节 1.5V AA 电池为 micro:bit 供电。

以下步骤指导你如何将 micro:bit 与移动设备配对。注意，示例中的图片虽然来自 Android 操作系统的手机，不过同样的步骤也可以应用于 iOS 的设备。

（1）打开 micro:bit App。

（2）点击“Connect”按钮，如图 B-1 所示。

（3）点击“PAIR A NEW MICRO:BIT”按钮，如图 B-2 所示。

图 B-1 点击“Connect”按钮

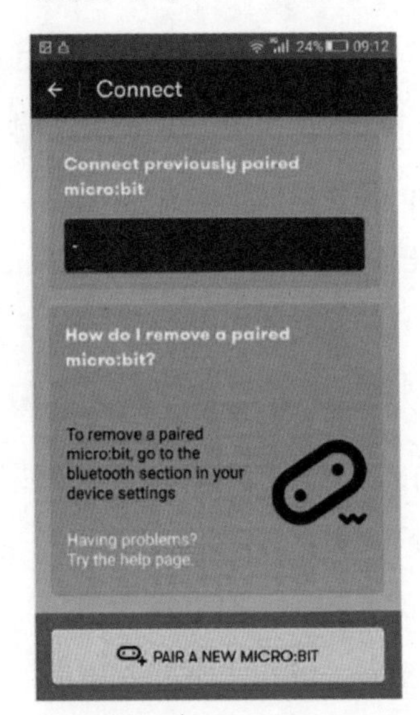

图 B-2 点击“PAIR A NEW MICRO:BIT”按钮

（4）如果没有打开移动设备的蓝牙，请将其打开，如图 B-3 所示。

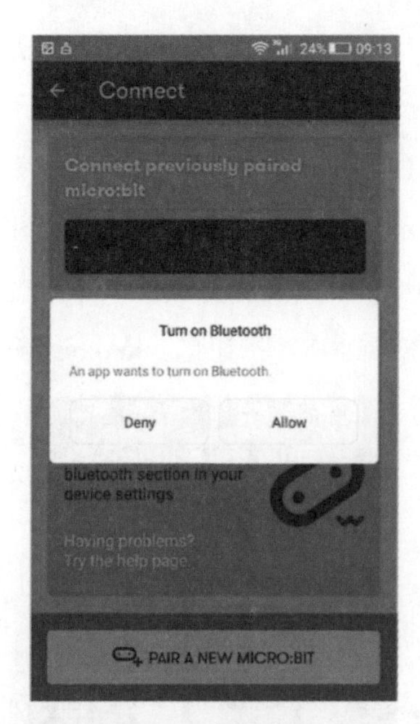

图 B-3　打开蓝牙

（5）App 提示你按住 micro:bit 的按钮 A 和按钮 B，然后按下重置（RESET）按钮并松开，如图 B-4 所示。

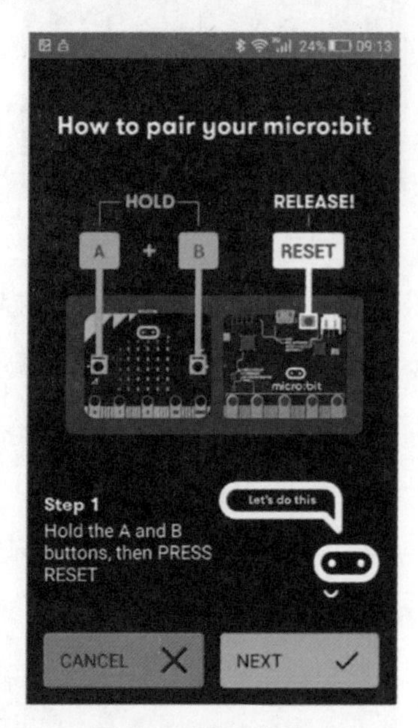

图 B-4　配对步骤一

（6）micro:bit 的 LED 点阵显示屏先被填满，然后显示蓝牙的 Logo。

（7）点击 App 上的“NEXT”按钮。

（8）micro:bit 的 LED 点阵显示屏将显示一个图案，App 会显示一个空白网格。现在你要按照 micro:bit 点阵显示屏上显示的图案，在空白网格上创建相同的图案。如果你成功创建了相同的图案，App 会显示消息“Ooh, pretty!”，如图 B-5 所示，然后点击“PAIR”按钮将 micro:bit 与移动设备配对。

图 B-5 配对步骤二

（9）这时 LED 点阵显示屏会闪烁显示左箭头，提示你按下按钮 A。按下 A 按钮时，LED 点阵显示屏将显示一系列数字，其是用于验证两个设备进行配对的密钥。同时，通知将被发送到你的移动设备上，提示你输入相同的密钥。请在文本框中输入密钥，然后点击“OK”按钮继续。

（10）输入相同的密钥后，你将收到如图 B-6 所示的消息。

（11）按 micro:bit 上的重置按钮完成设置。

图 B-6　消息提示你已成功配对 micro:bit

（12）你可以通过点击在“Connect Previously Paired micro:bit ”（连接之前配对过的 micro:bit）下列出的名称（即 PEVUP），将之前配对过的 micro:bit 重新连接到 App 上，如图 B-7 所示。

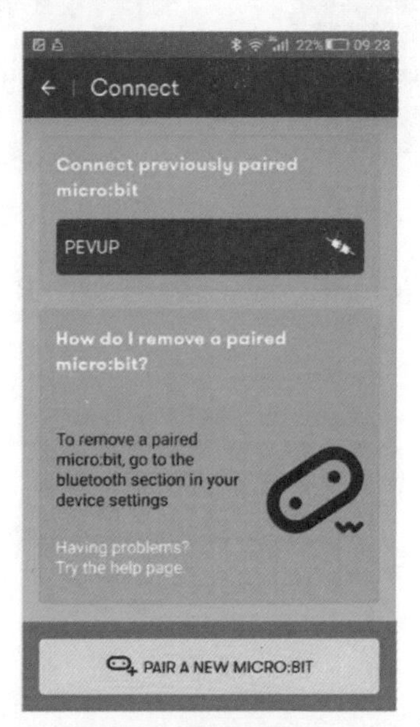

图 B-7　重新连接之前配对过的 micro:bit

使用 micro:bit App 编写代码

现在你已准备好使用 micro:bit App 创建代码了。App 允许你通过蓝牙将移动设备上的代码刷入 micro:bit 中。

（1）转到 micro:bit App 的主界面，点击“Flash”（刷入）按钮，如图 B-8 所示。

（2）然后点击“MY SCRIPTS”（我的脚本）按钮，如图 B-9 所示。

图 B-8　点击“Flash”按钮

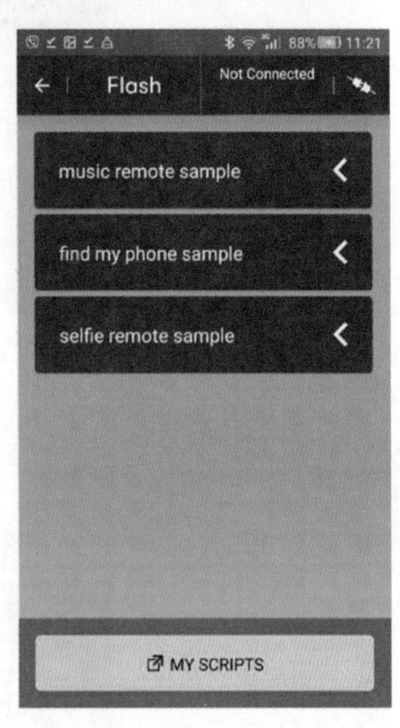

图 B-9　点击“MY SCRIPTS”按钮

（3）在列表中点击“Create Code”按钮，如图 B-10 所示，以创建新脚本。

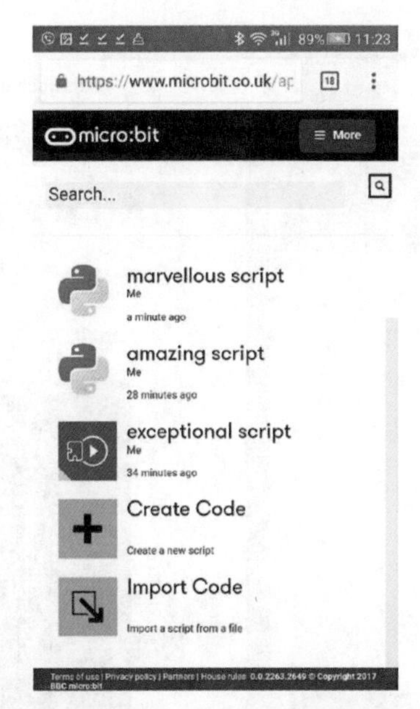

图 B-10　点击“Create Code”按钮

使用 micro:bit App 创建 MicroPython 代码

该 App 允许你选择以下的代码编辑器，为 micro:bit 创建代码。

- JavaScript
- Block Editor
- Touch Develop
- MicroPython

在下面的例子中，我们将使用 MicroPython 创建简单的代码，然后通过 micro:bit App 将代码刷入 micro:bit 中，步骤如下。

（1）在代码编辑器列表中选择“MicroPython”选项，如图 B-11 所示。

（2）打开 MicroPython 编辑器，可以看到默认的代码，如图 B-12 所示。这个编辑器与我们本书第 1 章所讲的在线 MicroPython 编辑器相同。请注意，编辑器不是 micro:bit App 的一部分。

图 B-11 点击 MicroPython 选项

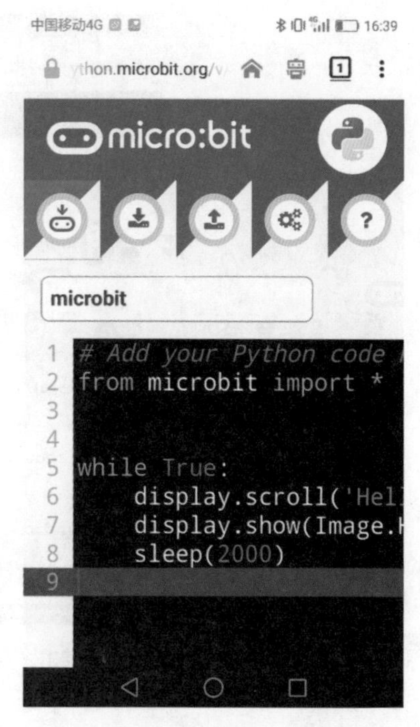

图 B-12 MicroPython 编辑器

（3）点击编辑器工具栏上的“Download”按钮，如图 B-13 所示。MicroPython 代码的“.hex”文件（比如图中的 microbit.hex）将被下载到移动设备的“下载”文件夹中。micro:bit App 也可以直接从移动设备的“下载”文件夹中访问之前下载的“.hex”文件。

（4）现在转到 micro:bit App 的主界面，点击“Flash”按钮。App 将所有之前下载的“.hex”文件显示为列表，你可以选择目标文件名（比如图上所示的“marvelous_script”），然后点击“FLASH”按钮将它们刷入 micro:bit 中，如图 B-14 所示。

（5）App 开始尝试将代码刷入具有蓝牙功能的 micro:bit 中。如果你看到如图 B-15 所示的提示框，请点击“Allow”按钮，以打开移动设备上的蓝牙功能。

图 B-13　下载“.hex”文件

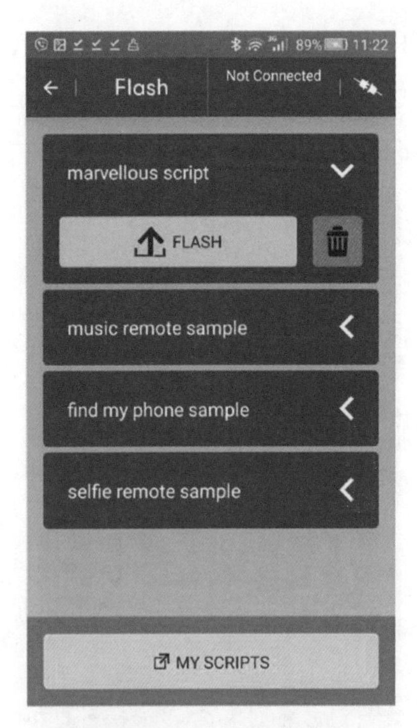

图 B-14“.hex”文件列表

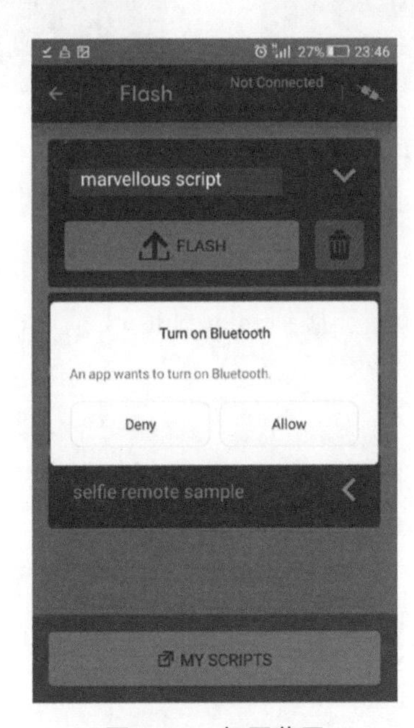

图 B-15　打开蓝牙

（6）点击“OK”按钮，确认刷入，如图 B-16 所示。

（7）App 开始将代码刷入 micro:bit 中。在刷入代码的过程中，请勿与 micro:bit 进行交互，如图 B-17 所示。

图 B-16　确认是否刷入

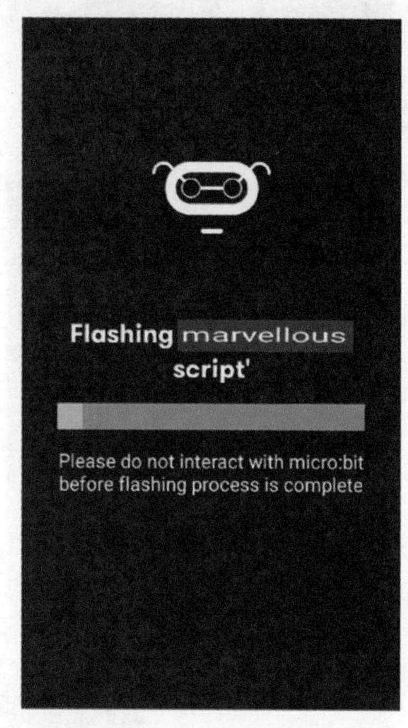

图 B-17　刷入代码进行中

（8）刷入成功后，点击“OK”按钮断开 micro:bit 与 App 的连接，如图 B-18 所示。

（9）如果要将 App 重新连接到 micro:bit 上，请点击“OK”按钮，如图 B-19 所示。

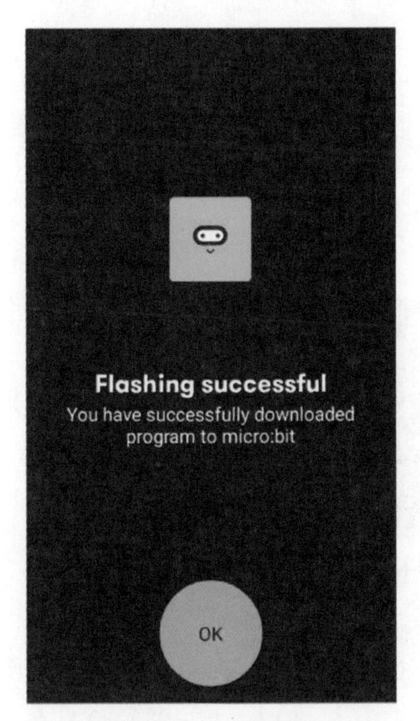

图 B-18　刷入成功

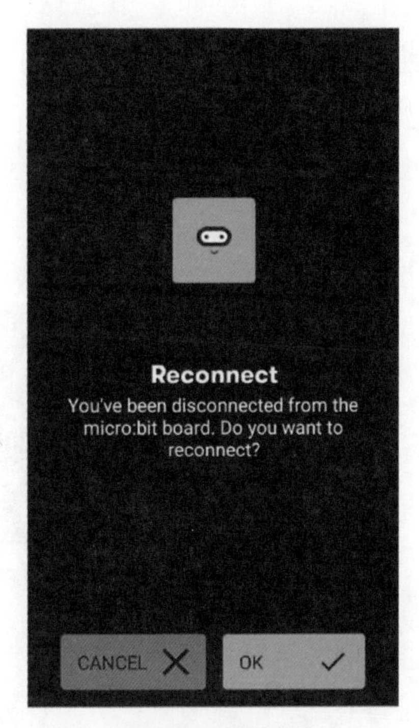

图 B-19　重新连接

注意：有时，使用micro:bit App 通过蓝牙把代码刷入micro:bit 会失败。

B.2　使用micro:bit Blue App

micro:bit Blue App 包含了一系列的演示，它们以不同的方式使用 BBC micro:bit 的蓝牙配置文件。这个 App 的目的是通过演示和提供示例的源代码，向你展示如何使用 Android 的蓝牙配置文件。这个 App 最初是由 Martin Woolley 开发的，目前只能在 Android 操作系统下使用。

安装 micro:bit Blue

你可以在 Google Play 上安装 micro:bit Blue，如图 B-20 所示。

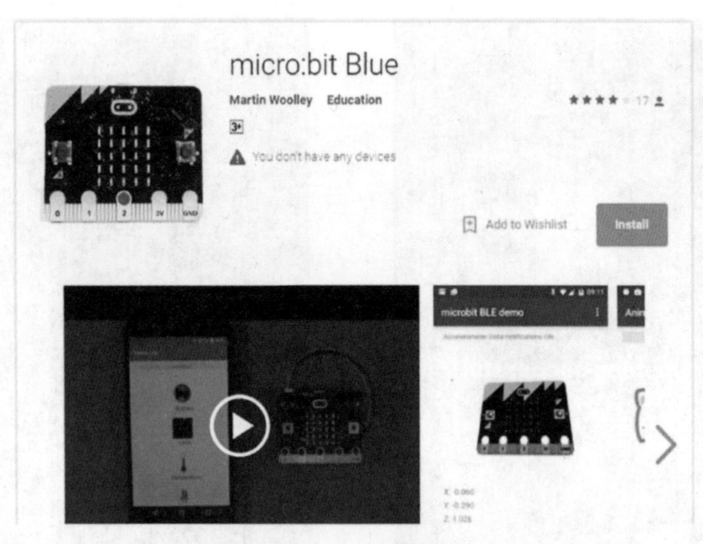

图 B-20　Google Play 上的 micro:bit Blue

进入配对模式

在将 micro:bit 与手机、平板电脑进行配对之前，你应该让 micro:bit 进入到配对模式，步骤如下。

（1）同时按住 micro:bit 的按钮 A 和按钮 B。

（2）在按住按钮 A 和按钮 B 的同时，按下 micro:bit 背面的重置按钮然后松开。继续按住按钮 A 和按钮 B。

（3）micro:bit 的 LED 点阵显示屏先被填满，然后显示蓝牙的 Logo。这时候，你就可以松开按钮 A 和按钮 B 了。

（4）最后，你会在 micro:bit 的 LED 点阵显示屏上看到一个奇怪的图案。该图案类似于你的 micro:bit 的签名，其他 micro:bit 可能会显示不同的图案。

现在你的 micro:bit 已准备好与其他设备进行配对了。

将 micro:bit 与 Android 手机或平板电脑配对

在配对模式下，你可以使用 Android“设置”中的“蓝牙”功能将

micro:bit 与智能手机、平板电脑配对。以下步骤将指导你如何使用常见的智能手机、平板电脑与 micro:bit 进行配对。

（1）进入“设置”。

（2）选择“蓝牙”功能。

（3）使用上一小节“进入配对模式”中的步骤将 micro:bit 切换到配对模式。

（4）等到蓝牙的 Logo 在 micro:bit 的 LED 点阵显示屏上显示时，你可以在 Android 智能手机上的“Available Devices”区域中看到你的 micro:bit，如图 B-21 所示，其名称类似于图上显示的“micro:bit [pevup]”（请注意，其名称末尾方括号中的五个字符会有所不同）。选择你的 micro:bit，启动配对过程。

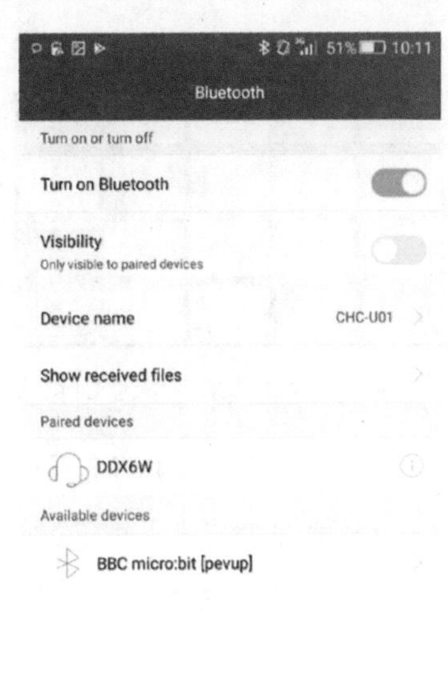

图 B-21 “Available Devices”区域中的 micro:bit（图片来自华为 CHC-U0I 手机）

（5）micro:bit 的 LED 点阵显示屏将显示左箭头，Android 智能手机会弹出提示框要求你输入 PIN（个人识别号）。

（6）按下 micro:bit 上的按钮 A 并仔细观察，点阵显示屏会显示六位随机数字。你最好用笔写下来，以免遗忘或漏掉。

（7）在 Android 智能手机的弹出框中输入 LED 点阵显示屏显示的六位数字，然后选择“OK”按钮，如图 B-22 所示。

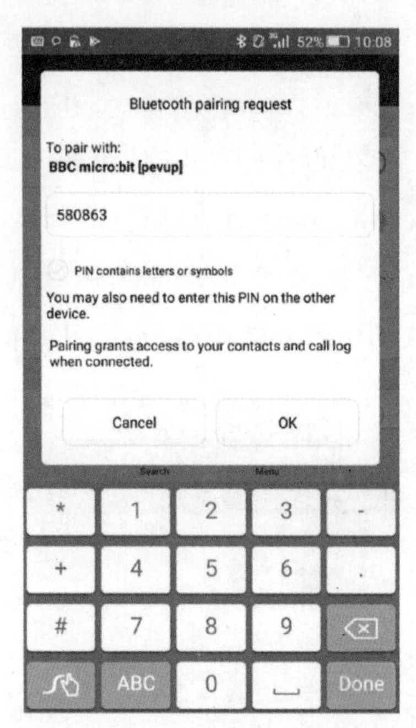

图 B-22 配对 PIN（图片来自华为 CHC-U0I 手机）

（8）如果输入了正确的数字，micro:bit 的 LED 点阵显示屏将显示对勾。如果输入有误，点阵显示屏会显示一个“十”或“X”图案，你需要再试一次。

使用 App

点击 Android 智能手机中的 micro:bit Blue 图标，打开 App。

然后，你必须将配对的 micro:bit 连接到 micro:bit Blue App 上。

（1）点击屏幕底部的“FIND PAIRED BBC MICRO BIT（S）”（找到配对的 micro:bit）按钮，如图 B-23 所示。App 将开始扫描配对的 micro:bit，并在屏幕上显示 micro:bit 列表。

（2）从列表中选择你的 micro:bit，如图 B-24 所示。

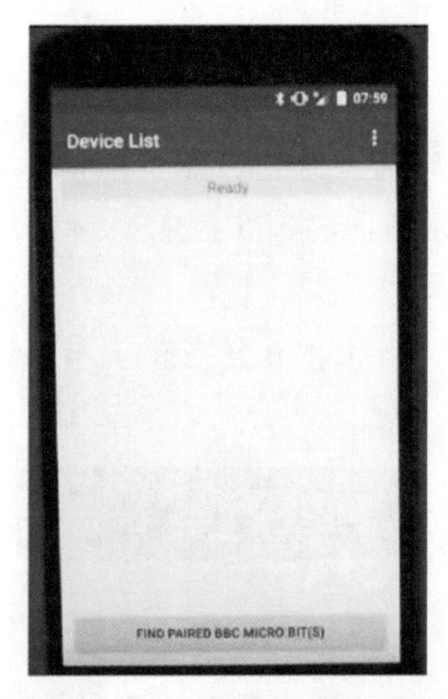

图 B-23　点击“FIND PAIRED BBC MICRO BIT（S）”按钮

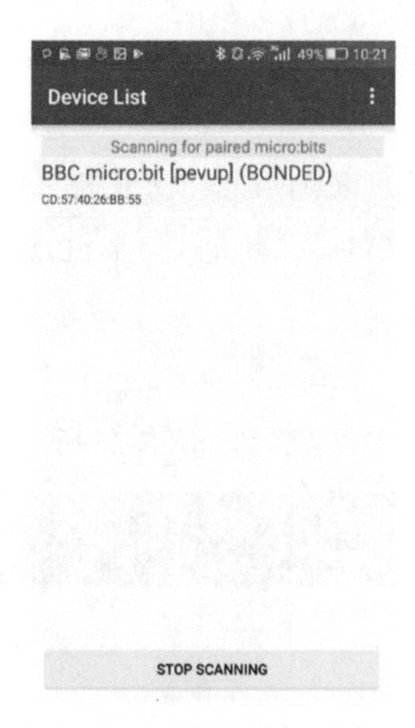

图 B-24　选择你的 micro:bit

（3）App 将显示演示列表。演示列表包括以下使用 micro:bit 蓝牙配置文件的示例项目。

- Accelerometer（加速度计）
- Magnetometer（磁力计）
- Buttons（按钮）
- LEDs（LED 点阵）
- Temperature（温度）
- I/O Digital Output（I/O 数字输出）
- Temperature Alarm（温度警报器）
- Squirrel Counter（松鼠计数器）
- Device Information（设备信息）
- Animal Magic（动物魔法）
- Dual D-Pad Counter（双方向键计数器）
- Heart Rate Histogram（心率直方图）

- Animal Vegetable Mineral（动物、蔬菜、矿石）
- Trivia Scoreboard（记分牌）

你可以点击任意演示图标来打开演示程序，例如从列表中打开 LED 演示程序（LEDs），其允许你在 LED 点阵显示屏上绘制图案或显示文本。具体步骤如下。

（1）在演示列表下，点击“LEDs”图标，如图 B-25 所示。

（2）你会看到如图 B-26 所示的界面。

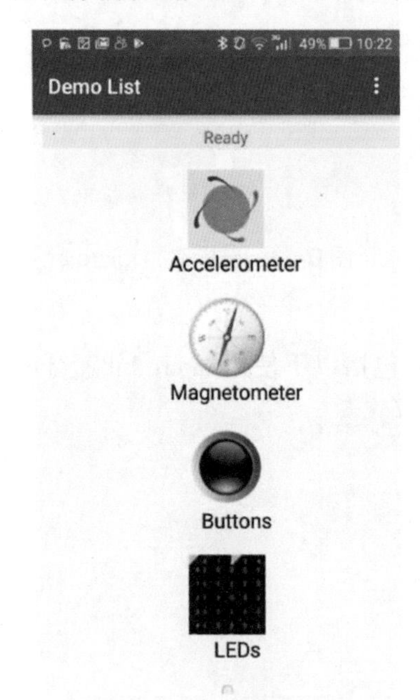

图 B-25 演示列表

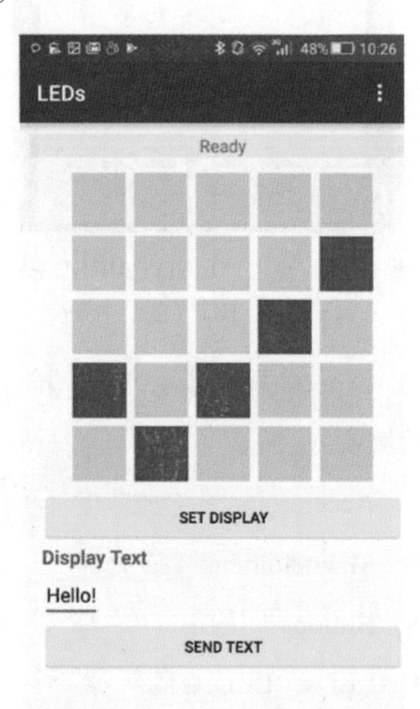

图 B-26 LED 点阵显示屏的设置页面

（3）屏幕上有两部分。上面的网格部分允许你在 LED 点阵显示屏上绘制任何图案。你可以点击任意方块来创建新图案。创建图案后，点击“SET DISPLAY”，就可以在 LED 点阵显示屏上看到该图案。

（4）在界面下方的“Display text”区域下，你可以输入新的文本，替换默认的“Hello！”。然后点击“SEND TEXT”按钮，就可以看到 LED 点阵显示屏滚动显示新的文本。

注意，当你正在使用演示程序时，micro:bit Blue App 不会将任何代码刷入 micro:bit 中。你可以按micro:bit 上的重置按钮退出程序并使用之前刷入的程序。

反侵权盗版声明

举报电话：（010）88254396；（010）88258888

传　　真：（010）88254397

E-mail：　dbqq@phei.com.cn

通信地址：北京市万寿路 173 信箱

电子工业出版社总编办公室

邮　　编：100036